Silvana Irene Torri
Raúl Silvio Lavado

Disponibilidad de elementos traza en suelos enmendados con biosólidos

Silvana Irene Torri
Raúl Silvio Lavado

Disponibilidad de elementos traza en suelos enmendados con biosólidos

Uso sustentable de residuos urbanos

Editorial Académica Española

Publisher:
Editorial Académica Española
is a trademark of
International Book Market Service Ltd., member of OmniScriptum Publishing Group
17 Meldrum Street, Beau Bassin 71504, Mauritius
Printed at: see last page
ISBN: 978-620-0-40409-1

DINÁMICA DE ELEMENTOS TRAZA EN SUELOS ENMENDADOS CON BIOSÓLIDOS

Uso sustentable de residuos urbanos

Silvana Torri y Raúl Lavado

Facultad de Agronomía, Universidad de Buenos Aires, Argentina

INDICE

Uso sustentable de residuos urbanos   1

Índice de Tablas   4

Índice de Figuras   5

Capítulo 1: Uso de biosólidos como enmienda orgánica   7

Residuos urbanos   8

El suelo, un recurso no renovable   10

Uso de biosólidos como enmienda orgánica   12

Referencias   17

Capítulo 2: Destino de los elementos traza en los agroecosistemas   20

Factores del suelo relacionados con la biodisponibilidad de elementos traza.   24

Formas de evaluar la biodisponibilidad de EPT   29

Referencias   32

Capítulo 3: Distribución de elementos traza en suelos enmendados con biosólidos   36

Materiales y Métodos   37

Suelos   37

Biosólidos   38

Ensayo   38

Determinaciones   39

Propiedades de los suelos y de los biosólidos   40

Variación de las fracciones de ET según los tratamientos y los suelos   42

Cadmio   42

Cinc   44

Hapludol típico   46

Cobre   52

Plomo   61

Referencias   71

Capítulo 4: Fitoestabilización de elementos traza en suelos enmendados con biosólidos   78

Ensayo   81

Producción de biomasa   82

Concentración de cadmio, cinc, cobre y plomo en biomasa aérea   84

Cadmio (Cd)   84

Cinc (Zn)   84

Cobre (Cu)   89

Plomo (Pb)   93

Conclusiones   93

Referencias   95

ÍNDICE DE TABLAS

Tabla 1.1: Composición típica de las excretas provenientes de caballo, pollo, y vaca comparada con biosólidos. 12

Tabla 1.2: Concentración promedio de elementos traza inorgánicos presentes en biosólidos, normativa Argentina, USEPA y UE. 14

Tabla 2.1: Relación entre la forma de retención en el suelo y la disponibilidad relativa de elementos traza para las plantas 23

Tabla 3.1: Propiedades de los suelos utilizados 41

Tabla 3.2: Características analíticas de los biosólidos (BIO) y biosólidos adicionados con 30% (P/P) de sus propias cenizas (BCEN) 42

Tabla 3.3: Contenido de Zn (media ± SE, n=3) en las fracciones intercambiable (INT), orgánica (MO), precipitados inorgánicos (INOR) y remanente (REM) en los tres suelos prístinos. 46

Tabla 3.4: Concentración de Cu (media ± SE, n=3) en las fracciones intercambiable (INT), orgánica (MO), precipitados inorgánicos (INOR) y remanente (REM) en los tres suelos prístinos estudiados. 55

Tabla 3.5: Concentración de Pb (media ± SE, n=3) en las fracciones intercambiable (INT), orgánica (MO), precipitados inorgánicos (INOR) y remanente (REM) en los tres suelos prístinos. 63

Tabla 4.1: Biomasa de la parte aérea de raigrás en cada uno de los cortes y biomasa aérea total correspondiente a todos los tratamientos. El análisis estadístico se realizó sobre cada corte (letras minúsculas) y sobre la suma de los cortes (letras mayúsculas). 83

ÍNDICE DE FIGURAS

Figura 1.1: Vista de planta depuradora de líquidos cloacales ubicada en el partido de San Fernando. Foto adquirida de AySA SA. 9

Figura 2.1: Ciclo de los elementos traza en los suelos 22

Figura 2.2: Procesos que regulan la concentración de elementos traza en la solución del suelo. 23

Figura 2.3: esquema de adsorción no específica y específica de ET sobre la materia orgánica edáfica 25

Figura 2.3: Diferentes tipos de enlace entre arseniato y óxidos e hidróxidos de hierro. Adaptado de Mercado-Borrayo *et al.* (2014). 28

Figura 3.1: Concentración de Zn en los tres suelos en el primer día de la incorporación de las enmiendas. Fracciones: intercambiables (INT), orgánica (MO), precipitados inorgánicos (INOR) y remanentes (REM) 48

Figura 3.2: Concentración de Zn a los 60 días de la incorporación de las enmiendas, en las fracciones intercambiables (INT), orgánica (MO), precipitados inorgánicos (INOR) y remanentes (REM) para los diferentes tratamientos. 50

Figura 3.3: Concentración de Cu en los tres suelos en el primer día de la incorporación de las enmiendas. Fracciones: intercambiables (INT), orgánica (MO), precipitados inorgánicos (INOR) y remanentes (REM). 57

Figura 3.5: Concentración de Pb en los tres suelos en el primer día de la incorporación de las enmiendas. Fracciones: intercambiables (INT), orgánica (MO), precipitados inorgánicos (INOR) y remanentes (REM) 66

Figura 3.6: Concentración de Pb a los 60 días de la incorporación de las enmiendas en las distintas fracciones (MO, INOR, REM) para los diferentes tratamientos. 69

Figura 3.1: Concentración de Zn en raigrás (mg kg^{-1}) en el 1º y 3º corte. 87

Figura 3.2: Relación entre Zn-INT (60 días) y Zn en biomasa en el primer corte, raigrás cosechado en el Hapludol típico, Natracuol típico y Argiudol típico. 88

Figura 3.3: Concentración de Cu en raigrás (mg kg^{-1}) en el 1º y 3º corte. 91

Figura 3.4: Relación entre Cu-MO y Cu-INOR en los suelos testigo a los 60 días de la incorporación de las enmiendas y la concentración de Cu en el primer corte de raigrás   91

Figura 3.5: Relación entre la concentración de Cu en el primer corte de raigrás y la concentración de Cu-MO y Cu-INOR en los suelos testigo y correspondientes al tratamiento BIO y BCEN a los 60 días de la incorporación de las enmiendas   92

Capítulo 1: Uso de biosólidos como enmienda orgánica

Silvana I. Torri y Raúl S. Lavado

Facultad de Agronomía, Universidad de Buenos Aires, Argentina

El manejo sustentable de residuos ha adquirido una destacada importancia en los últimos años a nivel mundial. La acumulación incontrolada de residuos de distinto origen es una problemática urbana y pecuaria, que no solo constituye un problema de disposición, sino que puede provocar problemas en el medio ambiente al favorecer la existencia y propagación de vectores, a la vez de producir contaminación de suelos, aire y cuerpos de agua (Singh *et al.* 2018). En la Argentina, los cambios socioeconómicos de las últimas décadas, el desarrollo de la industria agroalimentaria y la intensificación de las explotaciones ganaderas, junto a la mayor concentración de la población en núcleos urbanos, entre otras, propiciaron la producción de grandes cantidades de residuos (Voloj 2010).

El término residuo se aplica a todo aquel material generado por las actividades de producción y consumo, que no presenta ningún valor económico en las condiciones particulares de tiempo y lugar en el que se han producido, y que es preciso recoger y tratar por razones de salud o de contaminación ambiental, para evitar ocupaciones innecesarias de espacio o, simplemente, por motivaciones estéticas (Pírez y Gamallo 1994). Esta definición hace un claro énfasis en su falta de valor económico. Sin embargo, los residuos pueden considerarse desde dos ópticas diferentes: como desechos que deben ser eliminados ó como fuente de materiales potencialmente reciclables. La tendencia mundial es considerar los residuos como un recurso del que se pueden extraer materiales para el reciclado o para obtener energía. En los últimos años, los países más desarrollados impulsaron el desarrollo de tecnologías y procesos que transformen los residuos en materia prima secundaria o nuevos productos en vez de ser enterrados en rellenos sanitarios o vertederos.

Según su naturaleza, los residuos sólidos pueden clasificarse en residuos orgánicos e inorgánicos. En particular, el volumen de residuos orgánicos de origen biológico (en adelante denominados residuos orgánicos) se ha incrementado de forma exponencial en las últimas décadas (Hoornweg y Bhada-Tata, 2012), y - a diferencia de los residuos inorgánicos - se caracterizan por ser potencialmente biodegradables.

Existen tres grandes sectores productores de residuos orgánicos (Abad y Puchades 2002):

• Sector primario, que origina residuos agrícolas, ganaderos y forestales.

• Sector secundario, que genera residuos industriales como residuos agroalimentarios, textiles, entre otros.

• Sector terciario, que produce residuos urbanos entre los que se encuentran los residuos sólidos urbanos y los biosólidos.

Residuos urbanos

Los residuos urbanos son aquellos residuos que se generan debido a las actividades desarrolladas en los núcleos urbanos o en sus zonas de influencia. Entre los residuos urbanos se encuentran los efluentes domiciliarios, que están constituidos por una mezcla variada de sustancias y microorganismos que provienen de los sanitarios, piletas de cocina, lavarropas, entre otros. A nivel mundial, solamente una fracción de los efluentes domiciliarios es tratada en plantas depuradoras; el resto es vertido a cuerpos de agua sin tratamiento previo, originando su contaminación. Es esperable que el número de plantas depuradoras y de domicilios conectados a la red cloacal se incremente en un futuro cercano.

Los efluentes domiciliarios generados en la Ciudad de Buenos Aires confluyen a la planta depuradora ubicada en el partido de San Fernando, provincia de Buenos Aires. La mayoría de los procesos de depuración de estos efluentes producen partículas sólidas sedimentables y decantables, constituidas por minerales inertes y materia orgánica (lábil y estable) sobre los que se adsorben sales minerales y algunos patógenos (bacterias, parásitos, etc.) presentes en los efluentes. Estos materiales se separan del agua y forman un lodo biológicamente inestable, con alto contenido de humedad, denominado barro. La estabilización de los barros mediante procesos físicos, químicos o biológicos genera un subproducto orgánico denominado biosólidos.

Figura 1.1: Vista de planta depuradora de líquidos cloacales ubicada en el partido de San Fernando. Foto adquirida de AySA SA.

La búsqueda de un destino sustentable para los biosólidos generados en las grandes ciudades representa hoy un importante desafío ecológico a nivel mundial. El aprovechamiento agrícola de biosólidos constituye su destino más aceptable desde el punto de vista ecológico y económico.

El suelo, un recurso no renovable

El suelo es una parte fundamental del ecosistema, ya que es el hábitat de los seres humanos, flora y fauna. Forma parte del ciclo biogeoquímico de los nutrientes y del ciclo hidrológico; es fuente de materias primas en explotaciones agrícolas, ganaderas y forestales, y es el medio sobre el que se asientan viviendas, distintas infraestructuras y áreas recreativas. Constituye la interfase entre la atmósfera, la litosfera, la biosfera y la hidrosfera, sistemas con los que mantiene un continuo intercambio de materia y energía. Esta característica le confiere al suelo una importancia particular para una serie de funciones esenciales de carácter ambiental y ecológico.

Desde el punto de vista edáfico, el suelo es un cuerpo natural tridimensional formado por la progresiva alteración física y química del material original o roca madre a lo largo del tiempo, bajo ciertas condiciones climáticas y topográficas, sometido a la actividad de organismos vivos (Joffe 1949; Russell 1973). Es un medio heterogéneo complejo, constituido por minerales, materia orgánica y una fase porosa (ocupada por la solución y el aire del suelo) que interaccionan entre ellas y con los elementos que ingresan al sistema (Alloway 1995). La proporción relativa de estos cuatro componentes le confiere al suelo sus propiedades y determina su productividad.

El suelo no es un medio estático, sino que es un sistema abierto en el espacio y en el tiempo, que evoluciona hasta alcanzar el equilibrio con las condiciones ambientales imperantes (Heredia y Fernández Cirelli 2008). A partir de ese momento, tiende a permanecer estable siempre que no se produzca una perturbación. En caso de producirse, el suelo evoluciona hasta alcanzar un nuevo equilibrio.

Debido a que su regeneración es muy lenta, el suelo suele considerarse un recurso finito no renovable. En el contexto de la producción agrícola-ganadera, el uso sustentable del suelo implica preservar y/o mejorar la capacidad productiva del sistema desde el punto de vista agronómico, económico y ambiental.

La materia orgánica (MOS) influye en las propiedades físicas, químicas y biológicas del suelo. Se origina a partir del carbono atmosférico fijado a través de las reacciones de fotosíntesis, que es incorporado al suelo fundamentalmente a través de restos vegetales y exudados radicales; mientras que otras fuentes de menor importancia cuantitativa incluyen restos de origen animal y microbiano. La MOS contribuye a la estabilización de la estructura del suelo al facilitar la formación de macroagregados, aumenta su capacidad de retención hídrica y de intercambio catiónico, mejorando la porosidad y la permeabilidad. Por otro lado, mejora las propiedades químicas del suelo, al aumentar la capacidad de intercambio catiónico (CIC), la reserva de nutrientes y la capacidad buffer. En cuanto a su efecto sobre las propiedades biológicas, favorece los procesos de mineralización, el desarrollo de la cubierta vegetal, sirve de sustrato para una multitud de microorganismos y estimula el crecimiento de las especies vegetales en un sistema ecológico equilibrado (Rabot *et al.* 2018; Cotching 2018).

Ambientalmente, la materia orgánica contribuye a la retención de elementos inorgánicos potencialmente tóxicos, y sustancias orgánicas contaminantes, evitando su migración vertical con el frente de agua y su llegada a la napa freática.

Una de las principales causas de la degradación de los suelos es la pérdida de materia orgánica (Gomiero 2016). Numerosas prácticas de manejo agrícola favorecen la perdida de la materia orgánica de los suelos, comprometiendo su funcionalidad (Gomiero 2016).

Uso de biosólidos como enmienda orgánica

Bajo condiciones adecuadas de manejo, los residuos orgánicos poseen un alto valor como enmienda. Los biosólidos presentan, como principal característica, una elevada concentración de materia orgánica estable. Torri *et al.* (2003) observaron que, luego de un año, entre el 30-50% del C incorporado a través de los biosólidos permanece en distintos tipos de suelo bajo formas resistentes a la degradación microbiana.

La incorporación de biosólidos a los suelos mejora ciertas propiedades físicas edáficas, como la retención hídrica, aireación, densidad aparente, población total de microorganismos, porcentaje de agregación y porcentaje de agregados estables al agua (Avery *et al.* 2018; Nicholson *et al.* 2018). También poseen macro y micronutrientes en concentraciones similares a los tradicionales abonos orgánicos (Sharma *et al.* 2017; Athamenh *et al.* 2018). En la Tabla 1.1 se presenta el contenido promedio de macronutrientes en muestras de estiércol de caballo, pollo y vaca en forma comparativa con una muestra de biosólido. Se observa que los contenidos de nitrógeno, fósforo y magnesio son similares en los cuatro abonos orgánicos. El biosólido presenta una concentración más elevada de calcio y azufre, pero menores concentraciones de potasio.

Tabla 1.1: Composición típica de las excretas provenientes de caballo, pollo, y vaca comparada con biosólidos.

Macronutriente (%)	caballo	pollo	vaca	biosólidos
Nitrógeno	2.23	2.54	2.18	2.56
Fosforo	0.43	0.87	0.8	0.77
Potasio	1.35	1.37	2.38	0.14
Azufre	0.21	0.14	0.19	0.40
Calcio	0.89	1.20	1.98	2.82
Magnesio	0.23	0.26	0.76	0.27

Además de mejorar las propiedades físicas de los suelos, la incorporación de biosólidos produce una mejora en las propiedades químicas y biológicas edáficas. Por su aporte de N orgánico, aumenta el contenido de N mineral disponible para los cultivos, e incrementa la concentración de fósforo (P), calcio (Ca), potasio (K), magnesio (Mg), cinc (Zn), boro (B) y cobre (Cu) del suelo. Por lo tanto, en muchos países los biosólidos son utilizados en planteos agrícolas como enmienda orgánica y por ser un sustituto parcial de los fertilizantes, reflejándose en un incremento en el rendimiento de los cultivos. Uno de sus principales usos a nivel mundial es como mejorados de suelos marginales o para la restauración de suelos degradados (Wijesekara *et al.* 2017, Balduíno *et al.* 2019).

Aunque las ventajas agronómicas de la aplicación de biosólidos a los suelos se han demostrado a nivel nacional e internacional, existe preocupación por la presencia de una variada concentración elementos potencialmente tóxicos (ET). Estos elementos se concentran durante los procesos de depuración de las aguas cloacales como consecuencia de la presencia de elevados tenores de estos elementos en los efluentes urbanos. Entre estos elementos se destacan el arsénico (As), cadmio (Cd), cobalto (Co), cobre (Cu), cromo (Cr), estroncio (Sr), manganeso (Mn), mercurio (Hg), níquel (Ni), plomo (Pb) y cinc (Zn). La posible acumulación de elementos potencialmente tóxicos en los suelos, por la continua aplicación de los biosólidos es uno de los principales problemas que presenta el uso agrícola de esta enmienda.

Una parte esencial de las regulaciones existentes a nivel mundial referidas a la aplicación agrícola de biosólidos está relacionada con la concentración de ciertos elementos inorgánicos en el biosólido, su carga anual aceptable en los suelos y otros elementos de juicio relativos a este tema. En la Tabla 1.2 se presentan los parámetros indicados por la normativa argentina, de la Agencia de Protección del Medio Ambiente de los Estados Unidos (USEPA) y de la Unión Europea (UE) sobre la concentración promedio de ciertos elementos potencialmente tóxicos inorgánicos en los biosólidos, y la concentración de dichos elementos en los biosólidos de planta Norte, San Fernando, Argentina.

Tabla 1.2: Concentración promedio de elementos traza inorgánicos presentes en biosólidos, normativa Argentina, USEPA y UE.

Elemento (mg kg^{-1})	Planta Norte	Resolución N° 97/2001	USEPA 1993	UE (1986)
Cd	1.25	20 – 40	39 – 85	20 – 40
Zn	1467	2500 - 4000	2800 - 7500	2500 - 4000
Cr	87	1000 – 1500	1200 – 3000	1000 – 1750
Cu	374	1000 – 1750	1500 – 4300	1000 – 1750
Hg		16 – 25	17 – 57	16 – 25
Ni	<25	300 – 400	420	300 – 400
Pb	275	750 – 1200	300 – 840	750 – 1200

Los biosólidos producidos por la Planta Norte, que recibe líquidos cloacales de la Ciudad Autónoma de Buenos Aires, poseen concentraciones de elementos potencialmente tóxicos que se hallan por debajo de los límites establecidos por la normativa local.

Los biosólidos también pueden contener sustancias orgánicas como pesticidas, solventes industriales, tinturas, plastificantes, detergentes, intercambiadores de calor, con potenciales impactos sobre el medio ambiente y la salud humana. La USEPA no regula los contaminantes orgánicos, porque todos estos contaminantes caen en al menos una categoría de excepción en cuanto a su riesgo. Por otro lado, la transferencia de compuestos orgánicos desde el suelo hacia las plantas a través del sistema radical es prácticamente inexistente. Los riesgos solamente están asociados con la ingestión directa por el hombre o los animales de suelos o plantas tratadas con biosólidos. Por ende, es poco probable que los contaminantes orgánicos aplicados a suelos agrícolas a través de los biosólidos originen problemas ambientales. A pesar de esto, la Resolución MDSyPA 97/01 incluyó únicamente a los bifenilos policlorados (PCB's) debido a su gran peligrosidad como agentes mutagénicos y cancerígenos.

Torri y Alberti (2012) caracterizaron los compuestos orgánicos presentes en los biosólidos de la Ciudad de Buenos Aires. Los compuestos orgánicos consistieron principalmente en ácidos grasos, n-alcanos y esteroides, con concentraciones de contaminantes orgánicos persistentes por debajo de los límites de cuantificación del equipo. Estos autores concluyeron que la fracción orgánica recalcitrante informada en investigaciones anteriores se debió principalmente a la presencia de esteroides estables de origen gastro-intestinal.

La creciente producción de estos residuos orgánicos presenta una especial relevancia tanto por su volumen como por la incomodidad y dificultad de su manejo. Debido a que los volúmenes de biosólidos se incrementarán con el aumento poblacional atendido por redes cloacales, la incineración sería un método alternativo de tratamiento, siendo su característica principal la reducción de volumen y la obtención de energía (Wang 1997). Sin embargo, el residuo inorgánico obtenido no es apropiado para ser aplicado directamente a sistemas agrícolas. Numerosos trabajos revelaron ciertas desventajas que surgen del uso de cenizas puras como enmiendas. La más comúnmente citada es la toxicidad salina, ya que en el residuo se concentran elementos traza y halógenos (Bache y Lisk 1990; Carlson y Adriano 1993, Kelessidis y Stasinakis 2012) y se pierden los beneficios aportados por la materia orgánica.

Una alternativa de uso agrícola de estas cenizas seria su mezcla con biosólidos. La matriz del biosólido actúa como una superficie adsorbente de los elementos traza en los suelos que han sido adicionados con dicha enmienda (Corey *et al.* 1987; Hooda y Alloway 1993), Cabe destacar que la incineración de biosólidos sólo se realiza en Argentina con fines científicos.

Si bien el uso agrícola de biosólidos permite el reciclado de materia orgánica y nutrientes, el incremento en la biodisponibilidad de elementos traza o su acumulación en los suelos agrícolas es un hecho preocupante desde el punto de vista de la contaminación ambiental. La posible transferencia de estos elementos a la cadena alimenticia y la disminución en la productividad de los cultivos son consecuencias que deben ser cuidadosamente analizadas.

Tanto las formas químicas de los ET en los biosólidos como las características del suelo pueden determinar su destino en los suelos (Luo y Christie 1998), El análisis de la distribución de ET entre las distintas fracciones en el suelo proveerá información valiosa para una correcta aplicación agrícola de los biosólidos o de la mezcla de biosólidos con cenizas.

El objetivo general de este libro es presentar el efecto que origina la aplicación de una elevada dosis de biosólidos o de biosólido mezclado con sus propias cenizas en tres suelos texturalmente diferentes sobre la distribución de cadmio, cinc, cobre y plomo entre distintas fracciones edáficas y la biodisponibilidad de dichos elementos para una pastura.

Cabe destacar que, en Argentina, el uso de biosólidos y otros residuos orgánicos en la agricultura no es una práctica común. A nivel nacional, la Norma IRAM 29559 recientemente aprobada (2017) contempla el uso de barros o lodos tratados provenientes de plantas de tratamiento de efluentes cloacales como enmienda orgánica, aunque requiere un estudio específico para cada caso.

Referencias

Abad M., Puchades R. 2002. Compostaje de residuos orgánicos generados en La Hoya de Buñol (Valencia) con fines hortícola. Ed. Asociación para la Promoción Socioeconómica Interior Hoya de Buñol, Valencia

Abad M., Puchades R. 2002. Compostaje de residuos orgánicos generados en La Hoya de Buñol (Valencia) con fines hortícola. Ed. Asociación para la Promoción Socioeconómica Interior Hoya de Buñol, Valencia

Alloway B J Ed. 1995. "Heavy metal in soils". 2nd Edition. Blackie Academic & Professional. Chapman and Hall. Glasgow, UK. 368 p.

Athamenh, B.M., Salem, N.M., El-Zuraiqi, S.M., Suleiman, W., Rusan, M.J. 2015. Combined land application of treated wastewater and biosolids enhances crop production and soil fertility Desalination and Water Treatment 53(12), pp. 3283-3294

Avery, E., Krzic, M., Wallace, B., Newman, R. F., Smukler, S., Bradfield, G. 2018. One-time Application of Biosolids to Ungrazed Semiarid Rangelands: 14-year Soil Responses. Canadian Journal of Soil Science. doi:10.1139/cjss-2018-0102

Bache C A, Lisk D J. 1990. Heavy metal absorption by perennial ryegrass and swiss chard grown in potted soils amended with ashes from 18 municipal refuse incinerators. J. Agric. Food Chem. 38: 190-194

Balduíno, A., Corrêa, R, Munhoz, C.B.R., Chacon, R., Pinto, J.R.R. 2019. Edaphic filters and plant colonization in a mine revegetated with sewage sludge. Floresta e Ambiente 26 (2) 1-12

Carlson C L, Adriano D C. 1993. Environmental impact of coal combustion residues. J.Environ.Qual. 22:227-247.

Corey R B, King L B, Lue-Hing C, Fanning D S, Street J J, Walfer J M. 1987. Effects of sludge properties on accumulation of trace elements by crops. P 25-51. In Land application of sludge-food chain implications (eds A.L.Page,.Logan TJ, Ryan JA), pp.25-51. Lewis Publishers, Inc.,Chelsea, MI.

Cotching, W.E. 2018. Organic matter in the agricultural soils of Tasmania, Australia – A review. Geoderma 312, pp. 170-182

Gomiero, T. 2016. Soil Degradation, Land Scarcity and Food Security: Reviewing a Complex Challenge. Sustainability 8(2):1-41

Heredia O, Fernández Cirelli A. 2008. Importancia de las propiedades de los suelos en la determinación del riesgo de contaminación de acuíferos. CI. Suelo (Argentina) 26(2): 131-140

Hooda P S, Alloway B J 1993. Effects of time and temperature on the bioavailability of Cd and Pb from sludge-amended soils. Journal of Soil Sci 44: 97-110.

Hoornweg, D. y P. Bhada-Tata. 2012. What a waste. A Global review of Solid Waste management. Urban Development Series. Knowledge Papers No. 15. 2012.

Joffe JS. 1949. Pedology. En: Pedology Publ., New Brunswick, NJ, p. 662.

Kelessidis A., Stasinakis, A.S. 2012. Comparative study of the methods used for treatment and final disposal of sewage sludge in European countries. Waste Management, 32(6), 1186-1195. doi:10.1016/j.wasman.2012.01.012

Luo Y M, Christie P. 1998. Bioavailability of copper and zinc in soils treated with alkaline stabilized sewage sludges. J.Environ.Qual. 27: 335-342.

Nicholson, F., Bhogal, A., Taylor, M., McGrath, S., Withers, P. 2018. Long-term Effects of Biosolids on Soil Quality and Fertility. Soil Science, 1. doi:10.1097/ss.0000000000000239

Pírez P y Gamallo G. 1994. Basura privada, servicio público. Los residuos en dos ciudades argentinas (Zárate y Resistencia), Centro Editor de América Latina, 250 p.

Rabot, E., Wiesmeier, M., Schlüter, S., Vogel, H.-J. 2018. Soil structure as an indicator of soil functions: A review. Geoderma 314, pp. 122-137.

Russell EW. 1973. Soil Conditions and plant growth. Décima edición. Longman Group Limited, London. 849 p.

Sharma, B., Sarkar, A., Singh, P., Singh, R.P. 2017. Agricultural utilization of biosolids: A review on potential effects on soil and plant grown. Waste Management, 64, pp. 117-132. doi:10.1016/j.wasman.2017.03.002

Singh, M., Verma, M., Kumar, R.N. 2018. Effects of open dumping of MSW on metal contamination of soil, plants, and earthworms in Ranchi, Jharkhand, India, Environmental Monitoring and Assessment, 190(3),139

Torri S, Alvarez R, Lavado R. 2003. Mineralization of carbon from sewage sludge in three soils of the Argentine pampas. Commun. Soil Sci. and Plant Anal. 34: 2035-2043. doi: 10.1081/CSS-120023235

Torri S.I., C. Alberti. 2012. Characterization of organic compounds from biosolids of Buenos Aires City, Journal of Soil Science and Plant Nutrition, 12 (1), 143-152. doi: 10.4067/S0718-95162012000100012

UE. 1986. Directive of CEE of protection of soil with sewage sludge application. 86/278/CEE. Oficial Europe Community L 181/7.

USEPA (1993) (United States Environmental Protection Agency) Part 503—Standards for the Use or Disposal of Sewage Sludge. EPA 58FR 9387, US Environmental Protection Agency, Washington, DC, USA. https://law.justia.com/cfr/title40/40cfr503_main_02.html

Voloj, B. 2010. El sector agropecuario argentino y sus desafíos ambientales. informe Ambiental Anual FARN 2010, Buenos Aires, Argentina

Wang, M.J. 1997. Land application of sewage sludge in China. Sci. Total Environ., 197: 149-160.

Wijesekara H., Bolan N.S., Thangavel R., Seshadri B., Surapaneni A., Saint C., Hetherington C., Matthews P. y Vithanage M. (2017). The impact of biosolids application on organic carbon and carbon dioxide fluxes in soil. Chemosphere,189, 565-573. doi: 10.1016/j.chemosphere.2017.09.090

Capítulo 2: Destino de los elementos traza en los agroecosistemas

Silvana I. Torri y Raúl S. Lavado

Facultad de Agronomía, Universidad de Buenos Aires, Argentina

Los elementos traza (ET) se definen como aquellos elementos que se encuentran en baja concentración en la naturaleza, en general, y en los tejidos vegetales, en particular, usualmente en concentraciones inferiores a 100 mg kg^{-1} (Hooda 2010; Kabata-Pendias 2011). Según su actividad biológica, los elementos traza se pueden dividir en esenciales y no esenciales.

Los micronutrientes son elementos traza esenciales para el crecimiento y la reproducción. Hasta el momento, se ha demostrado la esencialidad de ocho elementos en todas las especies vegetales: boro (B), cloro (Cl), cobre (Cu), hierro (Fe), manganeso (Mn), molibdeno (Mo), níquel (Ni) y cinc (Zn).

Existen otros elementos que actúan en el metabolismo vegetal de manera no específica, denominados nutrientes funcionales debido a que no intervienen en reacciones bioquímicas conocidas. Entre ellos pueden mencionarse el cadmio (Cd), plomo (Pb), silicio (Si) y vanadio (V). Otros elementos traza como sodio (Na) o silicio (Si) cumplen funciones únicamente en ciertas especies vegetales, mientras que otros son esenciales para los animales, como el cobalto (Co), iodo (I), Mo y selenio (Se). Por otro lado, otros elementos como arsénico (As), bismuto (Bi), Cd, Cu, cromo (Cr), estaño (Sn), mercurio (Hg), Pb y Zn, entre otros, son tóxicos para los vegetales y los animales cuando se encuentran por encima de determinados niveles, debido a que inhiben distintos procesos metabólicos (Torri *et al.* 2015).

El contenido total de elementos traza en los suelos prístinos depende de la naturaleza de los procesos geoquímicos, de las características del material parental y su pedogenésis (Adriano 2001). Existe asimismo un ingreso neto de elementos traza al sistema suelo-planta a través de diversos procesos naturales (emisiones volcánicas, aerosoles marinos, deposición de polvo atmosférico) o antropogénicos (fertilización, aplicación de abonos orgánicos, productos fitosanitarios, residuos y vertidos industriales, polución industrial, minera y urbana, entre otros). Cuando el origen de los ET es antropogénico, el principal problema es su acumulación en las capas superficiales del suelo donde las interacciones con las plantas son máximas.

Cuando los biosólidos son aplicados a los suelos, los elementos traza vuelven al ecosistema terrestre, y sufren una serie de reacciones, básicamente disolución/precipitación, adsorción/desorción, complejación, inclusión en minerales a través de la formación de soluciones sólidas, que determinan su distribución entre los diversos componentes edáficos (Parkpain *et al.* 1999; Madrid 1999). A su vez, ciertas propiedades del suelo como el pH, la textura y el contenido y calidad de la materia orgánica son factores que determinan las formas y la biodisponibilidad de estos elementos en los suelos (Alloway 1995; Weng *et al.* 2001). Las formas químicas de los ET en el material incorporado también pueden determinar su destino en los suelos (Luo y Christie 1998). En la Figura 2.1 se presenta el ciclo de los elementos traza en los suelos.

Los ET se caracterizan por ser poco móviles en el perfil del suelo: alrededor del 90% de los elementos traza incorporados al suelo interaccionan con los componentes de su fase sólida (Pinochet *et al.* 2001). Este proceso se caracteriza por una rápida retención inicial y posteriores reacciones de redistribución entre las distintas fracciones edáficas, que depende del elemento traza en cuestión, las propiedades del suelo, factores ambientales y el tiempo.

Figura 2.1: Ciclo de los elementos traza en los suelos (adaptado de Torri *et al.* 2015).

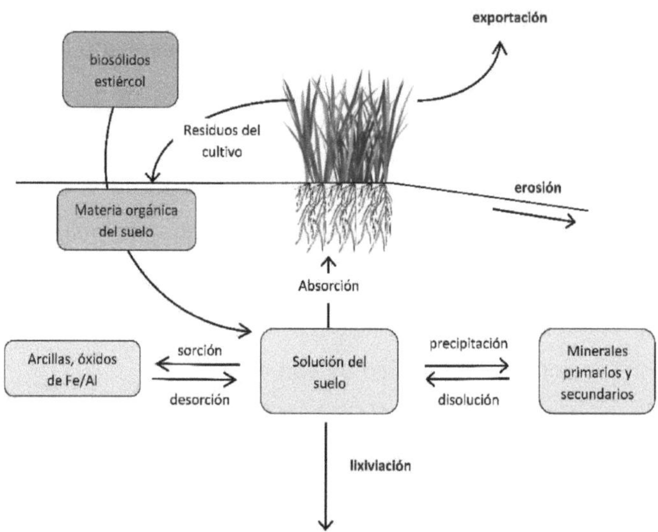

Por el contrario, las formas solubles en la solución del suelo como iones libres o asociados con ligandos (iones complejos) se encuentran en una muy baja proporción, y son fácilmente absorbidas por las especies vegetales (He *et al.* 2005). En la Figura 2.2 se esquematizan los distintos procesos que regulan la concentración de elementos traza en la solución del suelo.

La biodisponibilidad se define como la fracción del ET que puede interactuar con un organismo biológico y ser incorporado a su estructura. Por lo tanto, se considera que los ET se encuentran en formas biodisponibles cuando están en contacto con un organismo (accesibilidad física), o cuando se encuentra en una forma particular (accesibilidad química) que pueda ingresar al sistema metabólico (Bolan *et al.* 2014).

Figura 2.2: Procesos que regulan la concentración de elementos traza en la solución del suelo.

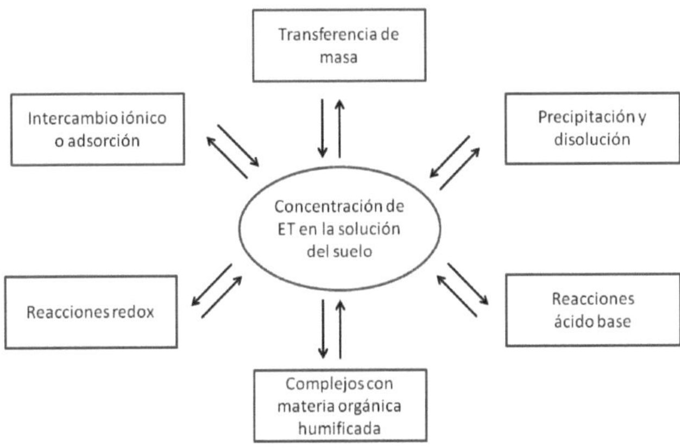

En la Tabla 2.1 se presenta la relación entre la especie química presente en el suelo y la disponibilidad para las especies vegetales.

Tabla 2.1: Relación entre la forma de retención en el suelo y la disponibilidad relativa de elementos traza para las plantas

Forma de retención en el suelo	*Disponibilidad relativa*
Iones en solución del suelo	Fácilmente disponible
Ión en el complejo de cambio	Relativamente disponible
Complejos orgánicos	Menos disponible
Precipitado o coprecipitado	Disponible sólo si ocurre alguna alteración química
Incorporado a la matriz biológica	Disponible después de la descomposición
Parte de la estructura mineral	Disponible después de la meteorización

Factores del suelo relacionados con la biodisponibilidad de elementos traza.

Ciertas propiedades del suelo pueden afectar la distribución de los elementos traza (ET) entre las distintas fracciones edáficas, modificando su biodisponibilidad. Entre ellas se destacan:

pH

El pH edáfico modifica la carga variable de los componentes coloidales del suelo, como óxidos y materia orgánica. A pH alcalino se observa un incremento de cargas negativas en dichos componentes, mientras que a pH ácido predominan las cargas positivas (Fernández *et al.* 2015). En general, los elementos traza catiónicos se comportan de manera similar, y su biodisponibilidad disminuye con el aumento de pH por procesos de adsorción. Sin embargo, elementos como As, Mo, Se y Cr presentan mayor movilidad a pH alcalino (McGrath *et al.* 2010).

Contenido de materia orgánica del suelo

La MOS presenta numerosos grupos funcionales capaces de interactuar con los ET. La materia orgánica más estabilizada (sustancias húmicas y huminas) que recubre los minerales primarios y secundarios, contribuye a la retención, y muchas veces a la inmovilización de los ET a través de mecanismos de adsorción específica y no específica (Blume y Brummer, 1991).

La adsorción no específica, o interacción iónica, ocurre como respuesta de la atracción electrostática del elemento traza en forma catiónica con los grupos funcionales con carga negativa, formando complejos de esfera externa (Sposito 1989). Éste es un proceso rápido y reversible. Por el contrario, la adsorción especifica es un fenómeno de alta afinidad, que involucra enlaces covalentes o iónicos entre el ET y el grupo funcional. Como consecuencia, los ET son removidos de la solución suelo y retenidos en la superficie de los coloides orgánicos formando complejos de esfera interna. Este mecanismo es generalmente irreversible (Silveira *et al.* 2003). En la Figura 2.32 se esquematizan ambos procesos.

Figura 2.3: esquema de adsorción no específica y específica de ET sobre la materia orgánica edáfica

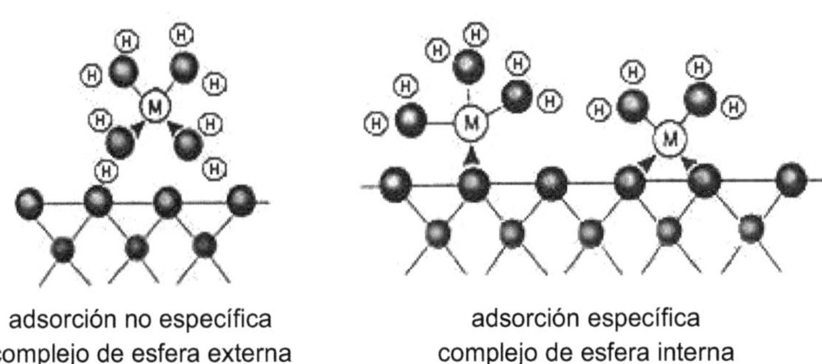

La materia orgánica ejerce una acción dual sobre los ET: los componentes solubles de las sustancias húmicas pueden formar complejos solubles que incrementaran la biodisponibilidad de los ET, mientras que la materia orgánica más estabilizada contribuye a la retención (o inmovilización) de los ET. En cualquier caso, la interacción ocurre a través de los numerosos grupos funcionales presentes en los polímeros orgánicos (Senesi 1992). Por estos motivos, el hecho que la interacción resulte en la movilización o inmovilización del ET está relacionado con las características de la fase orgánica y su solubilidad más que con los grupos funcionales involucrados (Madrid 1999).

Procesos de intercambio catiónico

Las arcillas presentan una densidad de carga negativa en su superficie como consecuencia de procesos de sustitución isomórfica. Dichas cargas negativas, sumadas a su alta superficie específica, permite la adsorción de cationes del medio circundante en un proceso reversible de adsorcióndesorción (Tack 2010). La capacidad de adsorción de las arcillas se encuentra relacionada con su capacidad de intercambio catiónico (CIC), la cual depende a su vez del tipo de arcilla. A mayor CIC, mayor capacidad de adsorción. La CIC se incrementa en el orden caolinita <illita< montmorillonita < vermiculita. Los suelos de la región pampeana presentan elevadas proporciones de illita y montmorillonita.

En el caso que los cationes retengan su agua de hidratación, forman complejos con las superficies cargadas denominados de esfera externa, presentándose una interacción débil entre el ión adsorbido y la partícula coloidal del suelo. Por esta razón, los iones adsorbidos son fácilmente intercambiados por otros cationes que, en forma similar, solo forman complejos de esfera externa con la superficie (Evans 1989). Por otro lado, el poder de adsorción de los distintos ET depende de su valencia y del radio iónico hidratado: cuanto menor sea el tamaño y mayor sea la valencia, más fuertemente quedarán retenidos (Ji y Li, 1997).

Los suelos arcillosos retienen una mayor proporción de elementos traza que los suelos de textura gruesa. Sin embargo, la importancia de las arcillas como adsorbentes de ET es secundaria cuando en el suelo hay una elevada proporción de materia orgánica y/u óxidos o hidróxidos de hierro, que presentan superficies más competitivas (Galán 2000). Por otro lado, en la solución del suelo existen especies como Ca^{2+}, Mg^{2+}, K^+ y NH_4^+que se encuentran en concentraciones varias órdenes de magnitud superiores con respecto a los ET, compitiendo por los mismos sitios de adsorción. A pesar de ello, se observó que ciertos ET, como el Zn (y en menor proporción el Cu) son retenidos por las arcillas silicatadas en sitios de adsorción específicos (Fernández *et al.* 2015).

Óxidos e hidróxidos de Fe y Mn.

Los óxidos e hidróxidos de hierro y de manganeso presentan una elevada capacidad para fijar ET e inmovilizarlos.

Poseen cargas variables, por lo tanto, el alcance de la retención depende del pH edáfico, siendo menor a mayor grado de cristalización de los óxidos (Blume y Brummer 1991).

En condiciones óxicas, el Fe (III) es el estado de oxidación termodinámicamente más favorable del hierro. Forma óxidos y oxihidróxidos altamente insolubles, que pueden existir como cristales discretos o como recubrimientos en otras fases minerales. Dependiendo de las condiciones climáticas, los oxihidróxidos más comunes de Fe son la goethita (α-FeOOH), hematita (Fe_2O_3) y fases amorfas y poco cristalinas. Todas estas formas presentan un fuerte control sobre las propiedades químicas de los suelos y sedimentos debido a su actividad redox y reactividad superficial anfótera.

La adsorción de elementos traza a estos oxihidróxidos de Fe está relacionado con el pH del medio, la reactividad del elemento traza en cuestión, su estructura y química de los grupos hidroxilo en las superficies minerales. Dicha adsorción puede manifestarse a través de reacciones de complejación de esfera interna o de esfera externa, reacciones de intercambio de ligandos o a través de la formación de complejos ternarios

La adsorción de ET a óxidos de hierro puede ser específica si el ion pasa a formar parte de la esfera de coordinación del hierro a través del cambio de ligandos.

Por ejemplo, la fuerte retención de As (V) en óxidos e hidróxidos se debe a la formación de complejos de esfera interna monodentados o bidentados, mononucleados o binucleados (Waychunas *et al.* 1993; Sun y Doner 1996; Fendorf *et al.* 1997). En la Figura 2.3 se esquematizan los distintos complejos entre óxidos e hidróxidos de Fe y As.

Figura 2.3: Diferentes tipos de enlace entre arseniato y óxidos e hidróxidos de hierro. Adaptado de Mercado-Borrayo *et al.* (2014).

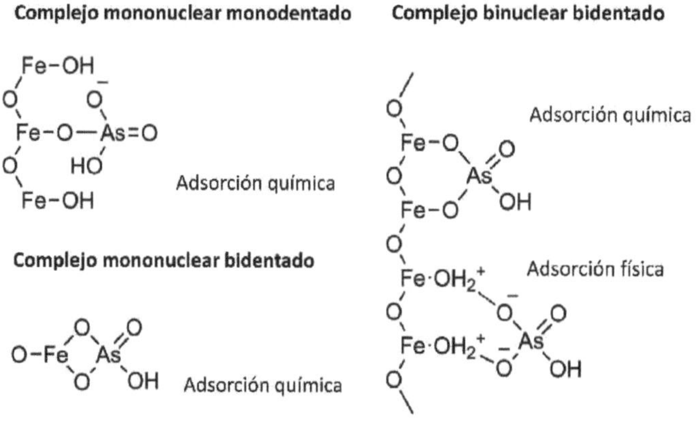

Fendorf *et al.* (1997) estudiaron la estructura molecular de arseniatos retenidos en la superficie de goetita, y concluyeron que a muy bajas cargas superficiales predomina el complejo monodentado, mientras que, si la cobertura superficial es alta, la sorción de arseniatos está dominada por la formación de complejos superficiales bidentados.

Procesos de óxido - reducción

En condiciones de bajo suministro de oxígeno, los microorganismos utilizan aceptores de electrones secundarios como Fe y Mn, entre otros, para mantener sus procesos metabólicos. Esta situación puede manifestarse en suelos inundados, en el interior de macro agregados o como resultado de la incorporación de un gran volumen de residuos orgánicos, que origina un incremento de la concentración de CO_2 en la atmósfera edáfica. Si bien la biodisponibilidad de ciertos elementos como Fe y Mn se puede incrementar en condiciones reductoras, se observó que la disponibilidad de Cu y Zn disminuye, a pesar de no presentar estos elementos equilibrios de óxido-reducción. Iu *et al.* (1981) indicaron que la reducción de óxidos de Fe y Mn origina superficies amorfas de elevada capacidad de adsorción. Sobre dichas superficies se verifica una elevada tasa de adsorción de Cu y Zn, originando la disminución de su biodisponibilidad en condiciones reductoras.

Actividad radical

La actividad radical modifica la dinámica de los elementos traza al inducir cambios químicos y microbianos en la rizósfera. El pH de la rizósfera puede diferir en 2-3 unidades del suelo no rizosférico.

Por otro lado, las raíces pueden modificar el potencial redox en la interfase suelo-raíz, y/o secretar exudados radicales, que alteran la biodisponibilidad de micronutrientes en forma directa o indirecta, al servir como sustrato para los microorganismos (Erenoglu *et al.* 2000; Marschner y Römheld, 1994).

A fin de mantener la neutralidad eléctrica, las raíces liberan protones cuando absorben más cationes que aniones, y absorben protones cuando sucede lo contrario (Haynes 1990; Hinsinger *et al.* 2003). El nitrógeno es el nutriente que se absorbe en mayor cantidad, generalmente como anión (NO_3^-) y en menor proporción como catión (NH_4^+). Según esto, es de esperar que las raíces acidifiquen el entorno rizosférico cuando absorben amonio y lo basifiquen cuando absorben nitrato (Tang *et al.* 1997).

Formas de evaluar la biodisponibilidad de EPT

Normalmente, sólo una pequeña fracción del total de los EPT que ingresan al suelo se encuentra en formas biodisponibles.

Para poder evaluar la biodisponibilidad de los ET, se desarrollaron diferentes técnicas utilizando análisis de suelo o análisis de planta.

En los suelos, la determinación de la biodisponibilidad se basa en procesos de extracción química, asociadas a ciertas fracciones que potencialmente pueden liberar EPT a la solución del suelo en el corto o mediano plazo.

En la búsqueda de un extractante que simule la absorción por las plantas, se han propuestos multitud de estrategias, desde una única extracción (extracción simple) hasta la sucesiva extracción de una misma muestra de suelo con varios reactivos de creciente poder extractante (extracción secuencial). El objetivo es poder correlacionar la concentración extraída con la proporción absorbida por la especie vegetal (Lindsay y Cox 1985). Sin embargo, a la fecha no se ha estandarizado ningún procedimiento.

Los métodos que implican extracciones simples son bastante atractivos debido a su simplicidad y facilidad de operación. Se han utilizado una gran variedad de reactivos, como ácido nítrico (HNO_3) o ácido acético (CH_3COOH) (Argyraki *et al.* 2018) o soluciones salinas de cloruro de calcio ($CaCl_2$) o nitrato de sodio ($NaNO_3$). Estos reactivos extraen sólo la fracción intercambiable y débilmente unida a la matriz sólida del suelo (Houba *et al.* 2000). Otros agentes extractantes más enérgicos son el ácido etilen diamin tetraacético (EDTA) o el ácido dietilen triamino pentaacético (DTPA) (Argyraki *et al.* 2018, Yutong *et al.* 2016). Ambos compuestos forman quelatos muy estables con diversos iones metálicos. Existe un cierto consenso que esta medida se aproxima bastante a la cantidad que, en general, las plantas pueden absorber del suelo (Ure *et al.* 1995), y se considera una estimación de la fracción disponible para el resto de la biota.

Las extracciones simples también suelen utilizarse para determinar la fracción de ET que se moviliza en profundidad desde el suelo hacia los acuíferos, estudio fundamental para evaluaciones ambientales (Labanowski *et al.* 2008). En particular, el EDTA es un extractante que presenta una elevada capacidad de complejación en comparación con otros extractantes o agentes quelantes utilizados en extracciones simples (Yutong *et al.* 2016). Esto hace que pueda remover los ET de la fracción orgánica o asociados a minerales secundarios, como las arcillas (Payà-Pérez *et al.* 1993), siendo más protector en términos de evaluación de riesgos.

Las extracciones secuenciales consisten en una serie de extracciones sucesivas sobre una misma muestra, utilizando agentes cada vez más enérgicos. Los esquemas de fraccionamiento no han sido estandarizados y en la literatura se describen numerosos procesos que remueven elementos traza de distintos compartimientos (pools) fisicoquímicos (Tessier *et al.* 1979, Shuman 1979, McGrath y Cegarra, 1992). Las fracciones habitualmente estudiadas son cinco: intercambiable, unida a materia orgánica, unida a carbonatos, unida a óxidos de hierro y manganeso y remanente. La concentración total de elementos traza se determina mediante digestiones con ácidos fuertes, como HNO_3 (Emmerich 1980) y HF (Shuman 1979). La extracción con HNO_3 suele denominarse pseudo total, porque al no disolver silicatos, no alcanza a extraer la totalidad de los EPT presentes en el suelo.

Si bien no conducen a una especiación química completa, las extracciones secuenciales presentan mayor interés en términos del comportamiento edáfico de un elemento, y permiten evaluar su dinámica en el tiempo, movilidad o facilidad para ser transferido a los organismos.

Referencias

Adriano DC, Weber JT. 2001. Influence of fly ash on soil physical properties and turfgrass establishment. J Environ Qual. 30: 596-601.

Alloway B J Ed. 1995. "Heavy metal in soils". 2nd Edition. Blackie Academic & Professional. Chapman and Hall. Glasgow,UK. 368 p

Argyraki, A., Kelepertzis, E., Botsou, F., Paraskevopoulou, V., Katsikis, I., Trigoni, M. 2018. Environmental availability of trace elements (Pb, Cd, Zn, Cu) in soil from urban, suburban, rural and mining areas of Attica, Hellas. Journal of Geochemical Exploration, 187, 201–213.

Blume H P, Brummer. 1991. Prediction of heavy metal behaviour in soil by means of simple field tests. Ecotoxicol. &Envir. Safety, 22:164-174.

Bolan, N., Kunhikrishnan, A., Thangarajan, R., Kumpiene, J., Park, J., Makino, T., Kirkham, M.B., Scheckel, K., 2014. Remediation of heavy metal(loid)s contaminated soils - To mobilize or to immobilize? J Hazard Mater; 266: 141-66.

Emmerich W E, Lund L J, Page A L, Chang A C. 1982. Movement of heavy metals in sewage sludge-treated soils. J.Environ.Qual.11: 174-178.

Erenoglu, B., Eker, S., Cakmak, I., Derici, R. y Römheld, V. (2000). Efecto de la deficiencia de hierro y zinc en la liberación de fitosiderophores en cultivares de cebada que difieren en la eficiencia de zinc. Journal of Plant Nutrition, 23 (11-12), 1645–1656. doi: 10.1080 / 01904160009382130

Evans, L.J. 1989. Chemistry of metal retention by soils, Environmental Sci. Technol. 23, 1046-1056.

Fendorf, S., Eick, M. J., Grossl, P., Sparks, D. L. 1997. Arsenate and chromate retention mechanism on goethite. 1. Surface structure. Environmental Science Technology 31, 315-320.

Fernández, M., Soulages, O., Acebal, S., Rueda, E., Sánchez, R. 2015. Sorption of Zn(II) and Cu(II) by four Argentinean soils as affected by pH, oxides, organic matter and clay content. Environmental Earth Sciences, 74(5), pp. 4201-4214.

Galán, E. 2000. The role of clay minerals in removing and immobilising heavy metals from contaminated soils. In "Proceedings of the 1st Latin American Clay Conference", vol. 1, C. Gomes, ed. Funchal, 351-361.

Haynes, R.J. 1990. Active ion uptake and maintenance of cation-anion balance. A critical examination of their role in regulating rhizosphere pH. Plant and Soil 126: 247-264

He, Z. L. Zhang M. K., Calvert D. V. Stoffella P. J Yang, X. E. y Yu S. 2005. Transport of heavy metals in surface runoff from vegetable and citrus fields. Soil Sci. Soc. Am. J. 68:1662-1669

Hinsinger, P.; C. Plassard; C. Tang, B. Jaillard. 2003. Origins of root-induced pH changes in the rhizosphere and their responses to environmental constraints, a review. Plant Soil 248:43-59

Hooda, P. 2010. Trace elements in soils, Blackwell Publishing Ltd, 618 p.

Houba, V.J.G., Temminghoff, E.J.M., Gaikhorst, G.A., van Vark, W., 2000. Soil analysis procedures using 0.01 M calcium chloride as extraction reagent. Commun. Soil Sci. Plant Anal. 31, 1299–1396.

Iu, KL, Pulford ID, Duncan HJ. 1981. Influence of waterlogging and lime or organic matter additions. Plant Soil, 59, 317–326

Ji, G.L., Li, H.Y. 1997. Electrostatic adsorption of cations. In Yu T.R. Chemistry of variable charge soils, Oxford University Press, New York, p. 64-70.

Kabata-Pendias A y Pendias H. 2011. Trace elements in soils and plants, 4th edition, ISBN 9781420093681, 1420093681, CRC Press, Boca Raton, Florida 533p

Labanowski J, Monna F, Bermond A, Cambier P, Fernandez C, Lamy I, van Oort F. 2008. Kinetic extractions to assess mobilization of Zn, Pb, Cu, and Cd in a metal-contaminated soil: EDTA vs. citrate. Environmental Pollution 152 93-701.

Lindsay, W.L., y Cox F.R. 1985. Micronutrient soil testing for the tropics. Fert. Res. 7: 169–199.

Luo Y M, Christie P. 1998. Bioavailability of copper and zinc in soils treated with alkaline stabilized sewage sludges. J.Environ.Qual. 27: 335-342.

Madrid, L. 1999. Metal retention and mobility as influenced by some organic residues added to soils: A case study. In: Fate and Transport of Heavy Metals in the Vadose Zone. H. M. Selim, and I. K. Iskandar (eds.). Lewis Publishers, Boca Raton. pp. 201–223.

Marschner H, Römeheld V. 1994. Strategies of plants for acquisition of iron. Plant Soil 165, 261-274.

McGrath S P, Cegarra J. 1992. Chemical extractability of heavy metals during and after long-term applications of sewage sludge to soil. Journal Soil Sci, 43(2), 313-321

McGrath, S.P., Micó, C., Curdy, R., Zhao, F.J. 2010. Predicting molybdenum toxicity to higher plants: Influence of soil properties. Environmental Pollution, 158(10), pp. 3085-3094

Parkpain P, Sreesai S y Delaune RD. 2000. Bioavailability of heavy metals in sewage sludge-amended Thai soils. Water, Air and Soil Pollution 122: 163-182.

Payà-Perez A, Sala J, Mousty F. 1993. Comparison of ICP-AES and ICP-MS for the analysis of trace elements in soil extracts. Int J Environ Anal Chem 51:223–230.

Pinochet D, Aguirre J y Quiroz E. 2001. Estudio de la lixiviación de Cadmio, Mercurio y Plomo en suelos derivados de cenizas volcánicas, Agro Sur 30: 51-58.

Senesi, N. 1992. Metal-humic substance complexes in the environment. Molecular and mechanistic aspects by multiple spectroscopic approach, in Biogeochemistry of trace metals, D. C. Adriano, Ed., Springer-Verlag, New York, pp. 429-496.

Shuman, L.M. 1979. Zinc, manganese and copper in soil fractions. Soil Sci. 127: 10-17

Silveira, M.L.A.; Alleoni, L.R.F. 2003. Copper adsorption in tropical Oxisols. Brazilian Archives of Biology and Technology 46: 529-536.

Sposito, G. 1989. The Surface Chemistry of Soils, Oxford University Press, New York.

Sun X., Doner H.E. 1996. An investigation of arsenate and arsenite bonding structures on goethite by FTIR. Soil Science 161(12): 865-872 doi: 10.1097/00010694-199612000-00006

Tack, F.M.G. 2010. Trace elements: general soil chemistry, Principles and Processes, in: Hooda, P.S. (Ed.), Trace elements in soils. Wiley, Chichester, pp. 9-39. 205

Tang, C., Mcclay, C.D.L., Barton, L. 1997. A comparison of proton excretion in twelve pasture legumes grown in nutrient solution. Aust. J. Exp. Agric., 37, 563-570.

Tessier A, Campbell P, Bisson M. 1979. Sequential extraction procedure for the speciation of particulate trace metals. Anal. Chem. 51:844-850

Torri S, Urricariet A.S, Lavado R. 2015. Micronutrientes. En: Fertilidad de suelos y fertilización de cultivos. García F y Echeverría H. Ediciones INTA, Balcarce, ISBN 978-987-521-565-8, 357-377. 908 p.

Ure A.M., Davidson C.M., Thomas R.P. 1995. Single and sequential extraction schemes for trace metal speciation in soil and sediment. In: Quality assurance for environmental analysis, Elsevier Science B.V., 20: 505–523

Waychunas, G. A., Rea, B. A., Fuller, C. C., Davis, J. A. 1993. Surface chemistry of ferrihydrite. Part 1. EXAFS. Studies of the geometry of coprecipitated and adsorbed arsenate. Geochimica Cosmochimica Acta 57, 2251-2269.

Weng, L.P., Temminghoff, E.J.M., van Riemsdijk, W.H. (2001) Contribution of individual sorbents to the control of heavy metal activity in sandy soil. Environ. Sci. Technol. 35, 4436-4443.

Yutong, Z., Qing, X., Shenggao, L. 2016. Chemical fraction, leachability, and bioaccessibility of heavy metals in contaminated soils, Northeast China. Environmental Science and Pollution Research, 23(23), pp. 24107-24114

Capítulo 3: Distribución de elementos traza en suelos enmendados con biosólidos

Silvana I. Torri y Raúl S. Lavado

Facultad de Agronomía, Universidad de Buenos Aires, Argentina

La utilización de biosólidos para la recuperación de suelos degradados o su utilización con fines agrícolas consiste una de las alternativas de uso viable para el aprovechamiento de sus características físicas, químicas y biológicas, con menor impacto ambiental y costos operativos, siempre que se contemplen ciertos parámetros que aseguren una adecuada gestión sustentable.

Por este motivo, la valorización agronómica de los biosólidos comprende una de las bases fundamentales para comenzar con el aprovechamiento de este material que en muchos países es enviado a disposición final. Como ya se mencionó en Capítulos anteriores, esta alternativa permitirá recuperar los contenidos de materia orgánica en suelos degradados y cubrir, en forma parcial o total, los requerimientos nutricionales de distintas especies vegetales.

Los elementos traza (ET) introducidos al suelo a través de los biosólidos son retenidos en su mayor proporción por la fase solida del suelo (Pinochet *et al.* 2001). El tiempo de residencia de estos elementos en los suelos es considerado como permanente, debido a la escasa movilidad (Alloway y Jackson, 1991; Schmidt 1997) y nula degradación (Bolan y Duraisamy, 2003). De esta manera, el suelo es considerado un reservorio importante de la contaminación ambiental (Alloway 1995).

Como se mencionó en el capítulo anterior, existe una gran variedad de métodos de extracción secuencial, todos ellos tendientes a seleccionar los reactivos apropiados para la extracción de cierta fracción de interés de un elemento traza (Ahumada *et al.* 2009). En este sentido, la precisión de los métodos ha sido cuestionada, ya que la ausencia de un reactivo absolutamente selectivo origina problemas de selectividad y de absorción, afectando los resultados analíticos.

La validez y la fuerza de las predicciones de biodisponibilidad de ET en los suelos depende de su correlación con la absorción vegetal, la cual constituye una medida real y directa de las concentraciones de EPT biodisponibles en las plantas.

En este Capítulo se evalúa la disponibilidad de Cd, Cu, Pb y Zn en tres suelos adicionados con biosólido y biosólido más cenizas a través de su concentración en distintas fracciones del suelo extraídos secuencialmente, y establecer su relación con el contenido de estos elementos en biomasa aérea de raigrás (*Lolium perenne* L) cultivados en invernadero. Asimismo, se analizó en qué medida la textura y el pH de los suelos influyen sobre la producción de biomasa de raigrás y la absorción vegetal de los elementos estudiados.

Materiales y Métodos

Suelos

Se realizo un ensayo en invernáculo utilizando el horizonte superficial (0-15 cm) de tres Molisoles (U.S. Soil Taxonomy) de la provincia de Buenos Aires. Los suelos se seleccionaron de modo de tener un suelo de textura arenosa (Hapludol típico), un suelo de textura arcillosa (Argiudol típico) y un suelo sódico (Natracuol típico). Se tomaron muestras compuestas de los tres suelos en condiciones prístinas (n=10). Para ello se seleccionó una zona de monte, utilizando implementos adecuados para evitar contaminación. Las muestras de suelo se secaron al aire en el laboratorio, se tamizaron por tamiz de nylon de 2mm y se homogeneizaron.

Biosólidos

Los biosólidos utilizado fueron provistos por la planta depuradora de la empresa Aguas Argentinas S.A. Dichos biosólidos se hallaba parcialmente deshidratado y estabilizados al sol y se terminaron de secar en estufa con circulación de aire (60 °C) hasta constancia de peso. El biosólido seco obtenido se dividió en dos submuestras: la primer submuestra se molió y tamizó por tamiz de nylon <2 mm (biosólido puro) utilizando implementos adecuados para evitar contaminación; la segunda submuestra se incineró en mufla a 500° C y se homogeneizó cuidadosamente con parte del biosólido seco molido, obteniendo una mezcla constituida por biosólido adicionado con 30% (P/P) de sus propias cenizas.

Ensayo

Se utilizaron 100 g de cada uno de los tres suelos para los siguientes tratamientos: control, BIO (biosólido puro equivalente a 150 t MS ha^{-1}) y BCEN (biosólido adicionado con 30% (P/P) de cenizas, equivalente a 150 t MS ha-1). La masa de BIO y BCEN se pesó por separado para cada maceta, y se homogeneizó con los 100 g. de suelo correspondiente. Estos tratamientos constituyeron un diseño factorial 3 x 3, con cuatro repeticiones: 3 suelos (Hapludol típico, Argiudol típico, Natracuol típico) x 3 enmiendas (control, BIO, BCEN).

El ensayo se realizó en macetas de PVC perforadas en su base para asegurar las condiciones de aireación. Las macetas se ubicaron en invernáculo, a temperatura ambiente, en forma aleatorizada. Durante el ensayo, cada maceta se mantuvo a 80% de capacidad de campo mediante riegos periódicos con agua destilada, evitando pérdidas por drenaje. La cantidad de agua destilada utilizada se determinó previamente por el método de determinación de la humedad equivalente, método del goteo (Mizuno *et al.* 1978). Se realizaron muestreos los días 1, 30, 60, 150, 270 y 360 a partir del primer día de riego. Cada maceta constituyó una unidad experimental. Para cada muestreo, se utilizaron tres macetas completas por tratamiento y por suelo. El contenido de cada maceta se secó al aire, se molió cuidadosamente utilizando un mortero de porcelana.

Determinaciones

Los suelos y los biosólidos se caracterizaron según metodología estándar. El pH y la conductividad eléctrica (EC) se determinaron en relación suelo: agua 1:2,5. El contenido de nitrógeno total se determinó por el método de Kjeldahl, mientras que el carbono orgánico se determinó utilizando la metodología propuesta por Amato (1983). El contenido total de Cd, Cu, Pb y Zn en los suelos y en los biosólidos (BIO y BCEN) se determinó por digestión acida (Shuman 1985) y posterior determinación mediante espectroscopía de emisión de plasma (ICP -AES).

La extracción secuencial de ET se realizó de acuerdo a la metodología propuesta por McGrath y Cegarra (1992). Cada determinación se realizó por duplicado. El fraccionamiento se realizó sobre 3 g de suelo, utilizando tubos de centrífuga de 50 cm^3 de polipropileno para minimizar pérdidas de suelo. Se obtuvieron las siguientes fracciones:

i. fracción soluble e intercambiable (INT): las muestras se agitaron con 30 cm^3 de 0.1 M CaCl$_2$ por 16 hs en agitador de vaivén a temperatura ambiente. El tubo junto con su contenido se pesó, se centrifugó a 4600g por 30 min y se filtró el sobrenadante utilizando papel de filtro Whatman N° 42. Se pesó el residuo húmedo remanente en el tubo.

ii. fracción unida a materia orgánica (MO): el residuo del paso anterior se extrajo con 30 cm^3 de 0.5 M NaOH por 16 hs, se centrifugó, filtró y pesó como se describió en (i). Debido a la elevada proporción de materia orgánica extraída en este paso, el sobrenadante se digestó con 20 cm^3 de agua regia (4:1 V/V HCl: HNO$_3$ conc).

iii. fracción unida a precipitados inorgánicos (INOR): el residuo remanente de la fracción anterior se extrajo con 30 cm^3 de 0.05 M Na$_2$EDTA por 1 h, se centrifugó, filtró y pesó como se describió en (i).

iv. fracción remanente (REM): Los metales en esta fracción se calcularon como la diferencia entre el contenido total en el suelo (Shuman 1985) y la suma de las fracciones extraídas (INT + MO + INOR). Este cálculo ya ha sido utilizado previamente en otros trabajos (Luo y Christie 1998)

En los pasos (i), (ii) y (iii), se calculó el volumen de la solución sobrenadante. Se asumió que el volumen de solución extractante remanente (*r*) en el residuo húmedo correspondió al peso del residuo húmedo menos la masa de muestra de suelo, dividido por la densidad de la solución extractante. Este volumen se utilizó para corregir la concentración del metal en la fracción siguiente. La concentración de elementos traza (mg kg^{-1}) de cada extracto se calculó de la siguiente manera:

(i) $c_1 v_1$

(ii) $c_2 (v_2 + r_1) - c_1 r_1$

(iii) $c_3 (v_3 + r_2) - c_2 r_2$

La concentración de Cd, Cu, Pb y Zn (c_i) se determinó mediante espectroscopía de emisión de plasma (ICP -AES).

Propiedades de los suelos y de los biosólidos

La caracterización de los suelos Hapludol típico, Argiudol típico y Natracuol típico se detallan en la Tabla 3.1.

Tabla 3.1: Propiedades de los suelos utilizados

Parámetros del suelo	Hapludol típico	Natracuol típico	Argiudol típico
Textura	Franco arenoso	Franco arcilloso	Franco arcillo limoso
% arcilla	19.2	27.6	32.7
% limo	23.2	43.0	57.5
% arena	57.6	29.4	9.8
pH	5.12	6.21	5.44
C total (mgr. g suelo^{-1})	28.6	35.31	23.9
N total (mgr. g suelo^{-1})	2.62	3.81	2.85
Relación C/N	10.92	9.27	8.39
CE (dS / m)	0.61	1.18	0.90
CIC (cmol$_{(c)}$. kg $^{-1}$)	22.3	22.3	15.3
Cationes de cambio			
Ca $^{2+}$ (cmol$_{(c)}$. kg $^{-1}$)	5.2	9.1	11.0
Mg $^{2+}$ (cmol$_{(c)}$. kg $^{-1}$)	2.0	5.4	1.8
Na $^{+}$ (cmol$_{(c)}$. kg $^{-1}$)	0.3	3.1	0.1
K $^{+}$ (cmol$_{(c)}$. kg $^{-1}$)	2.8	1.6	2.2
Cd total (mgr.kg-1)	nd	nd	nd
Cu total (mgr.kg-1)	22	11	16
Pb total (mgr.kg-1)	18	9	13
Zn total (mgr.kg-1)	55	47	59

nd = no cuantificable por ICP

Se observa que los tres suelos presentaron niveles de elementos traza correspondientes a suelos no contaminados (Lavado *et al.* 2004).

Las propiedades de los biosólidos y biosólidos adicionados con 30% (P/P) de sus propias cenizas se presentan en la Tabla 3.2.

Tabla 3.2: Características analíticas de los biosólidos (BIO) y biosólidos adicionados con 30% (P/P) de sus propias cenizas (BCEN)

	BIO	BCEN
Carbono total (mg g)	251	176
Nitrógeno total (mg g)	19,3	22,5
Fósforo total (mg g)	0,052	0,086
pH	5,82	6,17
CIC ($cmol_{(c)}$ kg^{-1})	11,95	
Ca (mg g^{-1})	22,5	
Mg (mg g^{-1})	5,6	
K (mg g^{-1})	10,7	
Conductividad eléctrica (dS m^{-1})	0,90	0,89
Cd total (mg kg^{-1})	10.08	13.08
Cu total (mg kg^{-1})	490,6	894,7
Pb total (mg kg^{-1})	334.2	365.9
Zn total (mg kg^{-1})	2500	3200

<lc: menor al límite de cuantificación

En los biosólidos, los ET se encontraron dentro de los valores permisibles según la Norma Técnica para el Manejo Sustentable de Barros y Biosólidos generados en Plantas Depuradoras de Efluentes Líquidos Cloacales y Mixtos Cloacales Industriales (MAyDS Resolución 410/18), y las normas de la Agencia de Protección Ambiental de Estados Unidos (USEPA, 1993 Part 503).

Variación de las fracciones de ET según los tratamientos y los suelos

Cadmio

El cadmio (Cd) es un elemento traza no esencial considerado, junto con el mercurio y el plomo, como uno de los contaminantes inorgánicos en el suelo de mayor preocupación a nivel mundial. Se lo encuentra ampliamente distribuido en la naturaleza, asociado a distintos minerales. Este elemento ha sido ampliamente estudiado debido a su elevado coeficiente de transferencia suelo-planta y a su toxicidad potencial, inclusive a bajas concentraciones (Mishra *el al.*2019). Presenta, además, la facilidad de bioacumularse en la cadena trófica (Wang *et al.* 2020).

La literatura internacional indica que los biosólidos suelen poseer concentraciones variables de Cd. Por lo tanto, el uso agrícola de biosólidos podría constituir una importante vía de ingreso de este elemento a los suelos. Parkpain *et al.* (2000) observaron que la mayor proporción de Cd incorporado a través de los biosólidos permaneció en formas no disponibles. Sin embargo, otros autores observaron un incremento en la biodisponibilidad de Cd en suelos enmendados con biosólidos (Canet *et al.* 1998; Krebs et *al.* 1998; Basta y Sloan 1999). Otros autores, en cambio, reportaron que la concentración de Cd en la fracción intercambiable se encontró por debajo del límite de cuantificación (Pierzynski y Schwab 1993; Walter y Cuevas 1999).

La transferencia de Cd desde los suelos a la parte cosechable de los cultivos se encuentra afectada por numerosas variables edáficas (Alloway *et al.* 1990; Zhao et 1999). La adsorción química de Cd por los hidro / óxidos es fuertemente dependiente del pH y se incrementa en forma pronunciada entre pH 5 a 6 (Kinniburg y Jackson 1981). El agregado de materia orgánica puede incrementar la concentración de Cd en las fracciones solubles e intercambiable (Almas *et al.* 1999; Zhao *et al.* 1999) o incrementar el Cd orgánico (Pierzynski y Schwab 1993). El encalado de suelos enmendados con biosólidos puede disminuir la concentración de Cd disuelto e intercambiable en un 50% (Brallier *et al.* 1996). Por otro lado, Ma y Rao (1997) observaron que la distribución de Cd entre las distintas fracciones dependió del contenido de Cd total: si su concentración total es superior a 50 mg kg-1, el Cd se encuentra presente en todas las fracciones; mientras que si su concentración se encuentra por debajo de 50 mg kg^{-1} más del 91% se encuentra en formas residuales, con baja proporción en las fracciones orgánica y precipitados inorgánicos.

El fraccionamiento de Cd realizado sobre los tres suelos prístinos se encontró por debajo del límite de cuantificación del equipo. El contenido de Cd total de los tres suelos también se encontró por debajo del límite de cuantificación. Estos resultados indican el bajo grado de contaminación por Cd de los suelos utilizados para este trabajo, y la baja concentración de Cd en el material parental (Lavado *et al.* 1998). Los suelos de la Pampa derivan de loess eólico, proveniente de roca volcánica, con concentraciones de Cd que se encuentran en el rango $0.1 - 0.3$ mg kg^{-1}.

En los suelos enmendados con biosólidos o biosólidos más cenizas, la concentración de Cd en las fracciones estudiadas también se encontró por debajo del límite de cuantificación en los tres suelos, en todas las fechas muestreadas, debido posiblemente a la baja concentración del elemento en el biosólido y en el biosólido más cenizas (7/10 mg kg-1 de Cd respectivamente). Solamente se detectó Cd en la fracción remanente en los tratamientos BIO y BCEN de los tres suelos. Estos resultados difieren de los hallados por otros autores (Sims y Kline 1991; Berti y Jacobs 1996; Canet *et al.* 1998) que encontraron una elevada concentración del elemento en las fracciones intercambiables en suelos enmendados con diferentes dosis de biosólidos, mientras otros autores observaron que el Cd incorporado a través de los biosólidos se encontró mayormente en la fracción orgánica (Sposito *et al.* 1982; Chang *et al.* 1984) o INOR (Emmerich *et al.* 1982).

Cinc

El cinc (Zn) es un elemento esencial para el crecimiento y desarrollo de las plantas. El requerimiento de cinc para que las plantas puedan crecer y desarrollarse adecuadamente oscila entre 15 y 20 mg kg^{-1} de tejido seco; estos valores representan menos de 0.1% del peso seco total del tejido.

Debido a que el cinc es indispensable para que las plantas completen su ciclo de vida, este elemento es un micronutriente vegetal. Participa directamente en el metabolismo de las células, actúa como estabilizador de la estructura de las proteínas y como cofactor para la activación de las enzimas involucradas en diferentes procesos metabólicos, como por ejemplo la fotosíntesis.

A nivel mundial, la concentración promedio de Zn total en suelos no contaminados oscila entre 60 y 89 mg kg^{-1} (Kabata-Pendias y Pendias 2011). El contenido de Zn está estrechamente relacionado con la textura del suelo y, por lo general, su concentración es baja en suelos arenosos. Por el contrario, su contenido en suelos calcáreos y orgánicos suele ser más elevado.

Habitualmente, la incorporación de biosólidos incrementa la concentración de Zn en la fracción intercambiable comparado con los suelos sin enmendar (McGrath *et al.* 2000). Ciertos autores observaron, un incremento en la fracción de Zn intercambiable con el tiempo, asociado en ciertos casos con una disminución del pH del suelo, aumentando el riesgo de fitotoxicidad. Sin embargo, la mayor proporción de Zn incorporado a los suelos como biosólido se encuentra en las fracciones de menor disponibilidad: en la fracción residual (Ma y Rao 1997), entre la fracción residual y precipitados inorgánicos (McGrath y Cegarra 1992; Canet *et al.* 1997; Canet *et al.* 1998) o como precipitados inorgánicos (Mangione *et al.* 1998; Parkpain *et al.* 1999; Walter y Cuevas 1999). Esta discrepancia entre fracciones se debe a la naturaleza del biosólido empleado y a la gran diversidad de procesos extractivos utilizados (Silviera y Sommers 1977).

Los factores que controlan la movilidad de Zn en los suelos son muy similares a los enumerados para Cu. Algunos investigadores indicaron que, comparado con el cobre (Cu), el Zn presenta una débil interacción con la materia orgánica soluble del suelo (Akpa y Agbenin 2012). Otros autores indicaron que la cinética para la formación de complejos orgánicos solubles es más lenta que para el Cu (Kalbitz y Wennrich 1998) y altamente controlada por el pH del suelo (Smolders y Degryse 2006). La adsorción de Zn se reduce a pH menor a 7 por competencia con otros cationes, favoreciendo su movilización en el perfil. De hecho, y comparado con otros ET, el Zn es considerado un elemento muy soluble y, por ende, muy móvil en los suelos.

Tabla 3.3: Contenido de Zn (media ± SE, n=3) en las fracciones intercambiable (INT), orgánica (MO), precipitados inorgánicos (INOR) y remanente (REM) en los tres suelos prístinos.

	Zn-INT	Zn-MO	Zn-INOR	Zn -REM
		mg kg^{-1}		
Hapludol típico	1.61 ±0.071	2.62 ±0.282	3.90 ±0.400	46.87 ± 0.748
Natracuol típico	1.07±0.065	1.75 ±0.035	4.14 ±0.069	40.04 ± 0.113
Argiudol típico	1.00 ±0.003	1.97 ±0.059	6.22 ±0.257	49.80 ± 0.294

Los tres suelos utilizados para este ensayo contenían niveles de Zn correspondientes a suelos no contaminados (Torri y Lavado 2002). El fraccionamiento de Zn correspondiente a los tres suelos prístinos se presenta en la Figura 3.1.

La mayor concentración de Zn en los tres suelos prístinos se encontró en la fracción remanente, como formas no reactivas. Estos resultados coinciden con los hallados por numerosos autores (Shuman 1999, Walter y Cuevas, 1999, Lavado y Porcelli 2000). Sólo una pequeña fracción de Zn se encontró en formas intercambiables o solubles, en concordancia con lo observado por Barak y Helmke (1993) y Chowdhury *et al.* (1997).

día 1

Se observó un incremento en la concentración de Zn total en los tres suelos tratados con BIO o BCEN, como resultado de la elevada concentración de Zn en el biosólido y en la mezcla de biosólidos con cenizas (2500/3150 mg kg^{-1} respectivamente). Asimismo, todas las fracciones estudiadas exhibieron incrementos altamente significativos en la concentración de Zn con respecto a los controles (Figura 3.1).

La extracción secuencial utilizada revela que la mayor proporción de Zn en los tres suelos del tratamiento BIO se encontró en la fracción remanente (48-50 %) e inorgánica (26.6 - 27.8%). Como podía esperarse de una enmienda orgánica rica en Zn, y dada la elevada afinidad de este elemento para formar complejos estables con la materia orgánica (Shuman 1999), la concentración de Zn-MO también fue relevante (16-17%). En el tratamiento BCEN se observaron resultados similares: la mayor proporción de Zn en los tres suelos se encontró en la fracción remanente (62.8-63.7 %) e inorgánica (21.6-22.5 %), siguiendo en orden de importancia las fracciones orgánica e intercambiable.

Por lo tanto, la concentración de Zn en los tres suelos enmendados con biosólidos o biosólidos más 30% de cenizas en el día 1 siguió el orden: INT < MO < INOR < REM. Sin embargo, los tratamientos BCEN presentaron en los tres suelos concentraciones de Zn-INT y Zn-MO significativamente menores que los correspondientes al tratamiento BIO. El Zn-INOR no presentó diferencias significativas entre los tratamientos BIO y BCEN, pero el Zn-REM del tratamiento BCEN presentó, con respecto al tratamiento BIO, diferencias altamente significativas en los tres suelos (Tukey, p=0.001). Estos resultados indican que el Zn presente en las cenizas del tratamiento BCEN se encuentra en formas no reactivas, posiblemente ocluído, en concordancia con los resultados hallados por Bache y Lisk (1990).

Figura 3.1: Concentración de Zn en los tres suelos en el primer día de la incorporación de las enmiendas. Fracciones: intercambiables (INT), orgánica (MO), precipitados inorgánicos (INOR) y remanentes (REM) Letras iguales en la misma fracción indica que no hay diferencias significativas entre tratamientos (Tukey, p=0.05) Las barras verticales indican el error estándar.

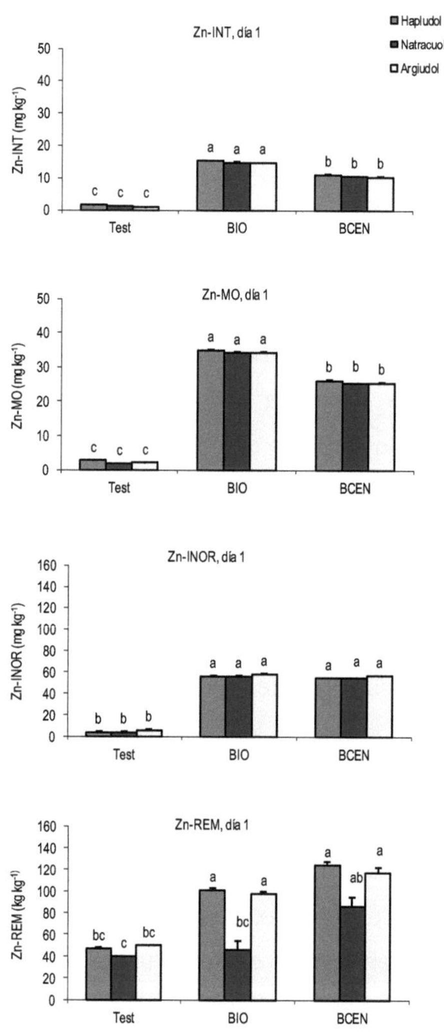

Dentro de cada tratamiento (Test, BIO, BCEN), la concentración de Zn en las fracciones INT, MO y INOR no presentó diferencias significativas entre los suelos en estudio. En el caso de Zn-REM, tanto en el tratamiento BIO como BCEN, el Natracuol presentó concentraciones significativamente menores al Hapludol Típico y Argiudol Típico, diferencia ya manifestada en los correspondientes testigos.

El hecho de partir de concentraciones estadísticamente iguales en el tiempo cero en las fracciones INT, MO y INOR permite comparar el efecto que ejerce cada suelo sobre las distintas fracciones en estudio en las fechas subsiguientes.

día 60

Al cabo de 60 días, período generalmente utilizado para lograr el equilibrio del biosólido en el suelo, se observó que el patrón de distribución del Zn en los suelos enmendados se modificó entre las distintas fracciones y varió según el suelo considerado. Se verificó interacción suelo-tratamiento.

La concentración de Zn en todas las fracciones en estudio y en todos los suelos fue significativamente más elevada que los correspondientes testigos, con la única excepción de Zn-REM en el Natracuol, que en el tratamiento BIO no se diferenció significativamente del testigo. En los suelos testigo, la concentración de Zn en las distintas fracciones estudiadas no se modificó con respecto a la fecha anterior.

Zn intercambiable (Zn-INT)

En el Natracuol la concentración del elemento no se modificó con respecto a la fecha anterior. En cambio, el Hapludol y el Argiudol manifestaron un incremento para los tratamientos BIO y BCEN, con concentraciones que duplicaron la correspondiente al Natracuol. De esta manera se generó una diferencia significativa entre dichos suelos. Esta diferencia de comportamiento entre los suelos posiblemente sea debida al pH más alcalino

Figura 3.2: Concentración de Zn a los 60 días de la incorporación de las enmiendas, en las fracciones intercambiables (INT), orgánica (MO), precipitados inorgánicos (INOR) y remanentes (REM) para los diferentes tratamientos. Letras iguales en la misma fracción indica que no hay diferencias significativas entre tratamientos (Tukey, p=0.05) Las barras verticales indican el error estándar.

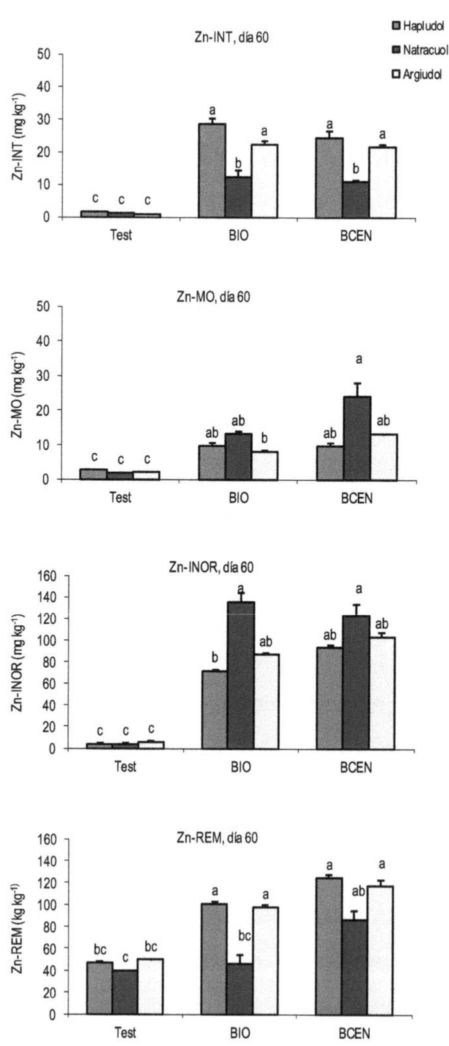

que presentó el Natracuol frente a los otros dos suelos, que originó una disminución en la biodisponibilidad potencial de Zn en este suelo (Shuman y Li 1997; Krebs *et al.* 1998).

Para cada suelo, no se observaron diferencias significativas en la concentración de Zn entre los tratamientos BIO y BCEN. Este resultado indica que el Zn introducido a los suelos como ceniza se encuentra en formas poco solubles, y que la mayor concentración de Zn-INT en el Hapludol y el Argiudol en los tratamientos BIO y BCEN provienen de la fracción del biosólido.

Zn orgánico (Zn-MO)

Se observó que esta fracción disminuyó en todos los suelos tratados con respecto a la fecha anterior. No se manifestaron diferencias significativas entre los tratamientos BIO y BCEN para el mismo suelo ni tampoco entre suelos dentro de cada tratamiento. La menor concentración de Zn en esta fracción se debe a la mineralización de la materia orgánica del biosólido durante este período (Torri *et al.* 2003). Numerosos autores observaron que la materia orgánica posee una elevada capacidad de adsorción de los metales en los suelos, y por lo tanto su descomposición origina la liberación del Zn a la solución del suelo, así como también hacia formas más estabilizadas (Alloway y Jackson 1991; McGrath y Cegarra 1992; Canet *et al.* 1998; Shuman 1999).

A los 60 días, el contenido de carbono total en los tratamientos BIO y BCEN en los tres suelos siguió la secuencia: Natracuol > Hapludol > Argiudol. Esta secuencia coincidió con la concentración de Zn extraído en la fracción orgánica. Por lo tanto, la concentración de Zn-MO fue mayor en el suelo con mayor contenido de materia orgánica.

Numerosos autores observaron que la materia orgánica posee una elevada capacidad de adsorción de los metales en los suelos, y por lo tanto su descomposición origina la liberación del Zn a la solución del suelo, así como también hacia formas más estabilizadas (Alloway y Jackson 1991; McGrath y Cegarra 1992; Canet *et al.* 1998; Shuman 1999).

Zn inorgánico (Zn-INOR)

La fracción unida a compuestos inorgánicos se incrementó con respecto a la fecha anterior, en forma más pronunciada para el Natracuol, constituyendo en este suelo la fracción más abundante.

No se manifiestaron diferencias de Zn-INOR entre los tratamientos BIO y BCEN para cada suelo. Entre suelos, la única diferencia que se observa es una mayor concentración de Zn-INOR en el Natracuol con respecto al Hapludol, originado por el pH más alcalino del Natracuol (pH Natracuol = 6.49 vs pH Hapludol = 5.56). Por lo tanto, en el Natracuol, la liberación de Zn producida como resultado de la mineralización de la materia orgánica del suelo produjo un incremento de Zn-INOR mayor que el producido en los otros dos suelos.

Zn remanente (Zn-REM)

Se observó una disminución de Zn-REM en los tres suelos con respecto a día 1, particularmente en el Natracuol. A diferencia de la fecha anterior, no se manifestaron diferencias significativas entre los tratamientos BIO y BCEN para ninguno de los tres suelos, indicando la redistribución del elemento incorporado a los suelos como cenizas hacia fracciones de mayor disponibilidad.

Cobre

El cobre es un elemento esencial para los vegetales. El cobre es un constituyente estructural en numerosas proteínas, forma parte del grupo prostético de enzimas como ácido ascórbico oxidasa y polifenol oxidasa; es esencial para el proceso de fotosíntesis, ya que interviene en el transporte de electrones en la fotosíntesis es esencial para el proceso de respiración, participa en el metabolismo de la pared celular, y favorece la lignificación de los tejidos. Es un efectivo componente de los fungicidas utilizados para controlar enfermedades foliares y del fruto.

La concentración total de Cu en los suelos varía de 2 a 100 mg kg^{-1} (Kabata-Pendias y Pendias 2011). La baja concentración de Cu presente normalmente en la solución del suelo se encuentra regulada por fenómenos de adsorción y desorción específicos asociados con el material coloidal edáfico. La mayor proporción de este elemento se encuentra en los suelos en formas poco disponibles (Sauvé *et al.* 1997).

La fitotoxicidad del Cu depende de su biodisponibilidad, que a su vez se encuentra estrechamente relacionada con la distribución del elemento entre las diversas formas físico químicas que se encuentran en el suelo. Cuando la cantidad de Cu incorporado excede la capacidad de adsorción del suelo, particularmente en suelos ácidos bajo condiciones oxidantes, la biodisponibilidad de Cu puede llegar a límites tóxicos para ciertos cultivos (Alva y Graham 1991). La toxicidad por Cu es muy poco frecuente; sin embargo, se han reportado efectos fitotóxicos en suelos enmendados durante sucesivas campañas con biosólidos, desechos industriales y reiteradas aplicaciones de herbicidas a base de Cu (Tisdale *et al.* 1993).

Si bien la concentración total de Cu en el suelo puede ser indicativa del nivel de suficiencia o contaminación, no provee información de la disponibilidad, movilidad o reactividad del elemento en los suelos, particularmente en aquellos enmendados con biosólidos. Ciertos investigadores observaron que la mayor proporción de Cu se encontró asociada a la fracción orgánica y como formas residuales (Luo y Christie 1998), otros en formas orgánicas y precipitadas (Walter y Cuevas 1999) o como formas fácilmente solubles

(Berti y Jacobs 1996). Por otro lado, propiedades del suelo como pH, potencial redox, CIC, materia orgánica, textura, contenido de óxidos y la mineralogía de las arcillas influyen en la distribución relativa del Cu entre las diferentes fracciones químicas (Blume y Brümmer 1991; Chirenje y Ma 1999; Alva *el al.*2000). Wu *el al.* (1999) estudiaron los fenómenos la adsorción de Cu sobre la materia orgánica y cuatro fracciones de tamaño de arcilla en un Vertisol, y concluyeron que el Cu se adsorbe en mayor proporción sobre la materia orgánica asociada a la fracción de arcilla de mayor tamaño. Al remover dicha materia orgánica, la arcilla fina retiene más Cu que la arcilla de granulometría más gruesa. Estos autores concluyeron que el Cu se adsorbe en forma específica a la materia orgánica y a la superficie de arcillas silicatadas que poseen cargas variables, formando uniones estables de alta energía. Por otro lado, la solubilidad del Cu y su distribución entre las distintas fracciones depende del pH del suelo (Sauvé *et al.* 1997). El incremento del pH edáfico aumenta las formas precipitadas de Cu, mientras disminuye la concentración de Cu ligado a la fracción orgánica. Además, la concentración de Cu que puede desorberse depende del pH del suelo y del tiempo de contacto del Cu con la fase sólida del mismo (Hogg *et al.* 1993). Swift y McLaren (1991), indicaron que en realidad los procesos de desorción son los que regulan la tasa de liberación de Cu y su concentración en la solución del suelo.

Los tres suelos utilizados para este ensayo contenían niveles de Cu correspondientes a suelos no contaminados (Torri y Lavado 2002). La proporción de Cu nativo entre las distintas fracciones dependió del suelo considerado El fraccionamiento de Cu correspondiente a los tres suelos prístinos se presenta en la Tabla 3.4.

Tabla 3.4: Concentración de Cu (media ± SE, n=3) en las fracciones intercambiable (INT), orgánica (MO), precipitados inorgánicos (INOR) y remanente (REM) en los tres suelos prístinos estudiados.

	Cu-INT	Cu-MO	Cu-INOR	Cu -REM
	mg kg^{-1}			
Hapludol típico	nd	3.85 ±0295	2.73 ±0.100	15.35 ± 0.300
Natracuol típico	nd	3.46 ±0.153	3.86 ±0.305	3.60 ± 0.455
Argiudol típico	nd	7.01 ±0.029	6.56 ±0.042	2.35 ± 0.070

nd = no detectable por ICP

En el Hapludol, los mayores porcentajes respecto del contenido total se encontraron en la fracción remanente (70%), con menor proporción en las fracciones orgánica y precipitado como compuestos inorgánicos (17.49% y 12.39% respectivamente). Estos resultados coinciden con los reportados por McGrath y Cegarra (1992), quienes observaron que, en un suelo franco arenoso típico en condición prístina, el Cu se encontró mayormente en la fracción remanente, con proporciones decrecientes en las fracciones asociadas a la materia orgánica, precipitados inorgánicos e intercambiable. En el Natracuol, en cambio, el Cu se encontró distribuido en forma uniforme entre las fracciones orgánicas, precipitados inorgánicos y remanente (31.5%, 35%y 33% respectivamente). El Argiudol presentó los mayores contenidos de Cu entre las fracciones orgánica y precipitados inorgánicos (43.8% y 41%), con menor proporción en la fracción remanente (15%). En este suelo, la concentración de Cu-MO y Cu-INOR fue significativamente más elevada que en el Hapludol y Natracuol. Canet *el al.* (1997), en cambio, observaron que el 50% del Cu de un suelo franco arcilloso se encontró en formas remanentes. La concentración de Cu en la fracción intercambiable se encontró en los tres suelos por debajo del límite de cuantificación (< 0.50 mg kg^{-1}).

día 1

Los tres suelos tratados enmendados presentaron un incremento en la concentración de Cu total debido a la elevada concentración del elemento en el biosólido y en el biosólido con 30% de sus propias cenizas (490.57 / 662.79 mg.kg^{-1} de Cu respectivamente). A su vez, todas las fracciones estudiadas exhibieron incrementos significativos en la concentración de Cu con respecto a los testigos. La mayor proporción de Cu en los tres suelos tratados se encontró en las fracciones remanente (50-65%) y orgánica (20-28%), con menor proporción como precipitados inorgánicos (12-20%).

En los suelos enmendados, la concentración de Cu-INT se encontró en el orden de 0.4 a 0.6 mg kg^{-1} para los tratamientos BIO y BCEN respectivamente. Evidentemente el Cu de esta fracción se encontraba de esta manera en el biosólido o en la mezcla del biosólido con cenizas, ya que no se encontró Cu-INT en los suelos prístinos. Es importante destacar que no se observaron diferencias significativas entre ambos tratamientos, lo que implica que el Cu presente en las cenizas no se encontró en formas fácilmente solubles.

Para cada suelo, no se observaron diferencias significativas entre los tratamientos BIO y BCEN para las fracciones Cu-MO y Cu-INOR. En cambio, el Cu-REM fue la única fracción en la cual el tratamiento BCEN fue significativamente superior al tratamiento BIO en los tres suelos, con lo cual se concluye que el Cu incorporado a través de las cenizas se encontró en la fracción residual.

Figura 3.3: Concentración de Cu en los tres suelos en el primer día de la incorporación de las enmiendas. Fracciones: intercambiables (INT), orgánica (MO), precipitados inorgánicos (INOR) y remanentes (REM) Letras iguales en la misma fracción indica que no hay diferencias significativas entre tratamientos (Tukey, p=0.05) Las barras verticales indican el error estándar.

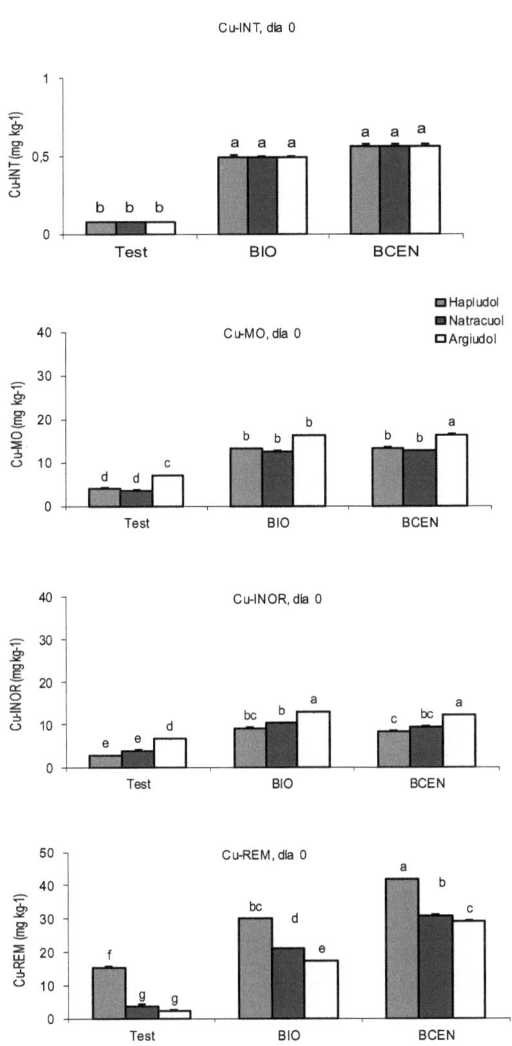

57

día 60

Los suelos enmendados exhibieron, en todas las fracciones estudiadas, concentraciones de Cu significativamente más elevadas que los correspondientes testigos. La distribución del Cu en los suelos enmendados se modificó con respecto a la fecha anterior, dependiendo del suelo considerado. Estadísticamente se manifestó interacción suelo-tratamiento. En los suelos testigo no se observaron diferencias significativas en la distribución de Cu con respecto a la fecha anterior.

Cu intercambiable (Cu-INT)

La concentración de Cu en esta fracción se encontró, en todos los casos, por debajo del límite de cuantificación. Estos resultados indican que el Cu-INT observado en los suelos enmendados en día 1 se movilizó hacia fracciones de menor disponibilidad.

Cu orgánico (Cu-MO)

Los suelos enmendados presentaron un incremento de esta fracción con respecto a día 1. Los mayores incrementos se observaron para el Natracuol y Argiudol tratamiento BCEN.

El Hapludol y el Argiudol no presentaron diferencias significativas entre los tratamientos BIO y BCEN . Estos resultados indican que el incremento de Cuadsorbido a la fase orgánica de estos suelos provino del biosólido, ya que el Cu incorporado como cenizas no contribuyó a incrementar esta fracción en el tratamiento BCEN. Por lo tanto, el Cu incorporado a los suelos bajo la forma de cenizas permaneció en fracciones de menor disponibilidad. El contenido de carbono de estos dos suelos fue significativamente superior en el tratamiento BIO comparado con BCEN, originando una mayor concentración de Cu por unidad de carbono en el tratamiento BCEN con respecto al tratamiento BIO. Estos resultados ponen en evidencia la elevada capacidad de adsorción de la materia orgánica por el Cu. En el Natracuol, en

Figura 3.4: Concentración de Cu a los 60 días de la incorporación de las enmiendas, en las fracciones intercambiables (INT), orgánica (MO), precipitados inorgánicos (INOR) y remanentes (REM) para los diferentes tratamientos. Letras iguales en la misma fracción indica que no hay diferencias significativas entre tratamientos (Tukey, p=0.05) Las barras verticales indican el error estándar.

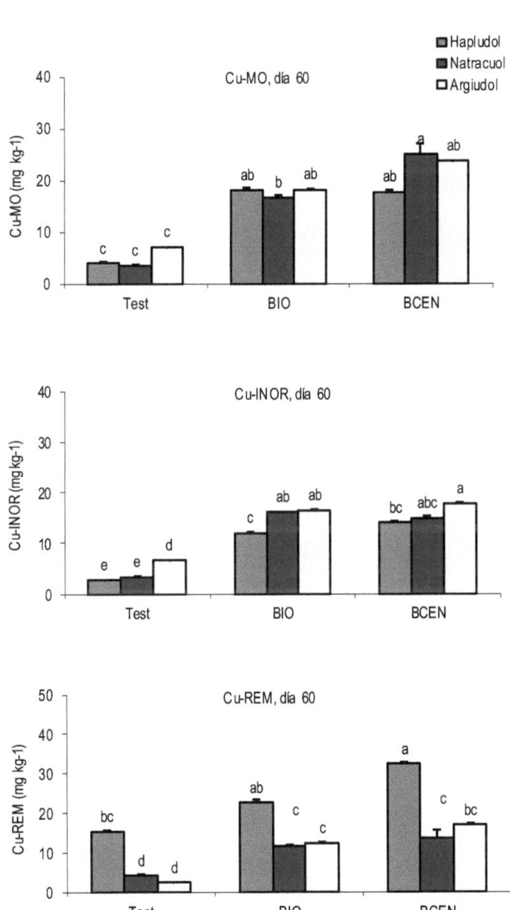

cambio, la concentración de Cu-MO fue significativamente superior en el tratamiento BCEN con respecto al tratamiento BIO. Debido a que, en este suelo, la cantidad de carbono total no presentó diferencias significativas entre los tratamientos BIO y BCEN, se concluye que la concentración de Cu por unidad de carbono en el tratamiento BCEN fue mayor que en el tratamiento BIO.

Cu inorgánico (Cu-INOR)

Se observó un incremento de esta fracción en los tres suelos enmendados con respecto a la fecha anterior. Los suelos no presentaron diferencias significativas entre los tratamientos BIO y BCEN. Sin embargo, dentro del tratamiento BIO, el Natracuol y el Argiudol presentaron concentraciones de Cu-INOR significativamente superiores al Hapludol. Esta mayor precipitación de Cu como compuestos inorgánicos pudo ser ocasionada por el pH más elevado que presentaron estos suelos. Estos resultados coinciden con los

reportados por otros autores (Zhu y Alva 1993, Walter y Cuevas 1999; Parkpain *et al.* 1999; Alva *et al.* 2000) quienes observaron que la fracción inorgánica de Cu se incrementó en los suelos que presentaron un pH más elevado, acompañado usualmente por un descenso de la concentración de Cu en la fracción orgánica. Sin embargo, dicho descenso no se manifestó en esta fecha. Es muy probable que aún no se haya logrado el equilibrio entre las fracciones, particularmente debido la existencia de una cinética lenta entre el Cu incorporado y el suelo, que reduce su habilidad de desorberse hacia la solución del suelo (Hogg *et al.* 1993).

Cu Remanente (Cu-REM)

Se observó una significativa disminución de Cu-REM con respecto al día 1. Dicha disminución se verificó de manera más pronunciada en el tratamiento BCEN en todos los suelos, que en esta fecha no se diferenciaron estadísticamente del tratamiento BIO. Estos resultados indican que la mayor concentración de Cu introducida en el tratamiento BCEN se movilizó hacia fracciones más lábiles. Sin embargo, los suelos enmendados presentaron concentraciones de Cu-REM significativamente más elevadas que los testigos.

Por lo tanto, a los 60 días se observó un incremento de Cu en la fracción orgánica y en la fracción precipitados inorgánicos, acompañado por una disminución en la fracción remanente, particularmente en el tratamiento BCEN. El incremento en la concentración de Cu-MO con respecto a día 1 se debe a la elevada capacidad que posee este elemento de formar complejos con la materia orgánica del suelo (McGrath y Cegarra, 1992; Canet *et al.* 1997). Si bien a los 60 días se verificó una importante mineralización de carbono, la materia orgánica tuvo la capacidad de adsorber el Cu proveniente principalmente de la fracción remanente.

Plomo

El Pb se caracteriza por ser un elemento muy poco móvil en los suelos. La mayor parte del Pb edáfico se encuentra precipitado en formas minerales poco solubles, en la fracción arcilla y en óxidos de Fe, Al y Mn. En suelos aeróbicos, la meteorización de compuestos solubles conduce a la formación de compuestos más estables como $PbCO_3$; $Pb_3(CO_3)_2(OH)_2$; $Pb(OH)_2$; $Pb_3(PO_4)2$; $Pb_5(PO_4)_3OH$; $Pb_5(PO_4)_3Cl$ (Maiz *et al.* 1997). La solubilidad de estos minerales disminuye con el incremento del pH (Ge *et al.* 2000). Debido a que la mayor proporción de Pb se encuentra en formas poco disponibles, ciertos investigadores argumentaron que elevadas concentraciones del elemento en el suelo no ocasiona peligro para el medio ambiente.

La concentración de Pb en la solución del suelo es extremadamente baja, usualmente entre 1 a <0.01% de la concentración total del elemento (Sauvé *et al.* 1998). Los mecanismos de sorción de Pb implican una etapa rápida, seguida de otra más lenta. La reacción rápida es una adsorción de tipo electrostático y/o de formación de complejos de esfera interna con los grupos funcionales presentes en los componentes del suelo. La sorción lenta implica diferentes procesos, entre ellos la difusión del elemento a través de los poros minerales y la materia orgánica, formación de precipitados en la superficie mineral, y adsorción a sitios que poseen elevada energía de activación (Strawn y Sparks 2000).

La materia orgánica del suelo modifica la solubilidad y la sorción de Pb en el suelo. Sauvé *el al.* (1998) observaron que, a pH<6, la materia orgánica soluble no tuvo efecto sobre la actividad de Pb^{2+}, encontrándose entre un 30 - 50 % del Pb disuelto como complejo orgánico. Por encima de dicho valor, (pH= 6) la materia orgánica soluble incrementó la actividad de Pb2+, incrementando la concentración de los complejos orgánicos a 80-99% del Pb disuelto (Blume y Brumme 1991, Sauvé *et al.* 2000). Estos resultados indican que, en la mayoría de los suelos agrícolas, la mayor proporción del Pb presente en la solución del suelo se encuentra como complejos orgánicos.

A su vez, estos complejos pueden interactuar con la fase sólida a través de reacciones de precipitación-disolución y sorción-desorción. Por lo tanto, es importante evaluar la influencia que ejerce la materia orgánica del biosólido sobre la disponibilidad de Pb. La literatura ofrece resultados contradictorios en este aspecto, ya que la concentración de Pb en la fracción más disponible (soluble más intercambiable) puede encontrarse por debajo del límite de cuantificación (McGrath y Cegarra 1992, Pierzynski y Schwab 1993) o representar entre un 2.5 a 8% del Pb total (Sims y Kline 1991; Hooda y Alloway 1994). Ciertos autores observaron que el Pb incorporado a los suelos como biosólido se particiona entre las fracciones de menor disponibilidad (Canet *et al.* 1997; Paré *et al.* 1999, Walter y Cuevas 1999), mientras que otros investigadores no observaron modificaciones en la distribución del Pb al incorporar este elemento como sales inorgánicas (Bacon *et al.* 2000) o a través de biosólidos (Dinel *et al.* 2000). A su vez el pH de los suelos puede modificar la disponibilidad de este elemento. La actividad de Pb2+ se incrementa a medida que el pH del suelo disminuye (Sauvé *et al.* 1998). Zhu y Alva (1993) observaron que la concentración de Pb-MO representó una pequeña fracción del total y disminuyó con el incremento de pH en siete suelos de textura arenosa.

Los tres suelos utilizados para este ensayo contenían niveles de Pb correspondientes a suelos no contaminados (Torri y Lavado 2002; Lavado y Porcelli 2000). En la Tabla 3.5 se presenta la concentración de Pb en las distintas fracciones bajo estudio.

Se observa que, en los tres suelos prístinos estudiados, la distribución del Pb nativo entre distintas fracciones dependió del suelo considerado. En el Hapludol, la mayor proporción de Pb se encontró en la fracción remanente (67%) mientras que para el Natracuol y Argiudol, el Pb se encontró en mayor proporción como precipitados inorgánicos (88% y 63%). No se registraron diferencias significativas en el contenido de Pb-INOR entre los tres suelos, mientras que el Pb-REM siguió el orden de significancia: Hapludol > Argiudol > Natracuol.

Tabla **3.5:** Concentración de Pb (media ± SE, n=3) en las fracciones intercambiable (INT), orgánica (MO), precipitados inorgánicos (INOR) y remanente (REM) en los tres suelos prístinos.

	Pb-INT	Pb-MO	Pb-INOR	Pb -REM
	mg kg^{-1}			
Hapludol típico	nd	nd	5.83 ±0.08	12.17 ± 2.7
Natracuol típico	nd	nd	7.93 ±0.26	1.16 ± 0.2
Argiudol típico	nd	nd	8.26 ±0.03	5.99 ± 0.2

nd = no detectable por ICP

En los tres suelos prístinos estudiados, los niveles de Pb-INT y Pb-MO se encontraron por debajo del límite de cuantificación. Lavado y Porcelli (2000) observaron que la fracción de Pb disponible en un Argiudol típico de la región pampeana representó el 5% del Pb total. La mayor proporción de Pb en los suelos prístinos se encuentra en la fracción residual, con concentraciones de Pb-INT no detectables (McGrath y Cegarra 1992; Berti y Jacobs 1996; Canet *et al.* 1998). Otros autores, en cambio, observaron que si bien la mayor proporción de Pb se detectó en la fracción residual, se encontraron bajas concentraciones de Pb-INT (Basta y Sloan 1999).

día 1

En esta fecha, se observó un incremento en la concentración total en los tres suelos enmendados debido a la elevada concentración de Pb incorporado con el biosólido y con el biosólido adicionado con un 30% de sus propias cenizas (407.64 / 554.35 mg kg-1 de Pb respectivamente).

La secuencia extractiva utilizada en este trabajo revela que la mayor proporción de Pb en los tres suelos correspondientes a los tratamientos BIO y BCEN se encontró en la fracción remanente (49-75%) y como precipitados inorgánicos (23.5-46%) con menor proporción en la fracción orgánica (1.61-5.13%) (Figura 3.5). Estos resultados coinciden con los reportados por McGrath y Cegarra (1992) y Hooda y Alloway (1993), quienes observaron que, en el biosólido, la mayor proporción de Pb se encontró como Pb-REM y Pb-INOR, con menor proporción de Pb-MO.

Las fracciones INOR y REM exhibieron incrementos significativos en la concentración de Pb con respecto a los testigos. En la fracción INOR, no se detectaron diferencias significativas entre tratamientos ni entre suelos. En la fracción remanente, en cambio, la concentración de Pb en los tres suelos estudiados fue significativamente superior en el tratamiento BCEN comparado con el tratamiento BIO, indicando que el Pb de las cenizas del biosólido se encontró en esta fracción.

Se detectaron bajas concentraciones de Pb-MO en los tratamientos BIO y BCEN (4.14-5.13% y 1.61-1.91% respectivamente), con concentración significativamente superior en el tratamiento BIO. La concentración de Pb-INT se encontró por debajo del límite de cuantificación en todos los casos. Este último dato sugiere la ausencia de Pb formando complejos con materia orgánica soluble en el biosólido o débilmente adsorbido (Sauvé *et al.* 1998).

día 60

Al igual que en día 1, la concentración extraída en las fracciones INOR y REM fue significativamente más elevada que los correspondientes testigos en los tres suelos enmendados (Figura 3.6). En los suelos testigo, no se observaron diferencias significativas en la distribución de Pb con respecto a día 1.

Pb intercambiable y Pb orgánico (Pb-INT y Pb-MO)

Si bien se considera que el Pb se asocia a la materia orgánica (Dinel *et al.* 2000), no se detectó su presencia en ninguno de los tres suelos con el método analítico empleado, si bien al inicio del ensayo (día 1) se detectaron bajas concentraciones. Tampoco se detectó Pb en la fracción intercambiable. Estos resultados difieren de los reportados por Pitchtel y Anderson, (1997) quienes, en un período de tiempo similar, observaron un 7% de Pb-INT y 15% de Pb-MO en un Hapludalf ácuico enmendado con diversas dosis de biosólidos. A los 60 días, Hooda y Alloway (1994) verificaron, con otro sistema de fraccionamiento, incrementos significativos en Pb-INT con respecto a los suelos testigo. Sin embargo, Pierzynski y Schwab (1993) observaron que el agregado de biosólidos a un Hapludol originó valores no detectables de Pb-INT, aunque el 1% del Pb total se encontró como Pb-MO.

Figura 3.5: Concentración de Pb en los tres suelos en el primer día de la incorporación de las enmiendas. Fracciones: intercambiables (INT), orgánica (MO), precipitados inorgánicos (INOR) y remanentes (REM) Letras iguales en la misma fracción indica que no hay diferencias significativas entre tratamientos (Tukey, p=0.05) Las barras verticales indican el error estándar.

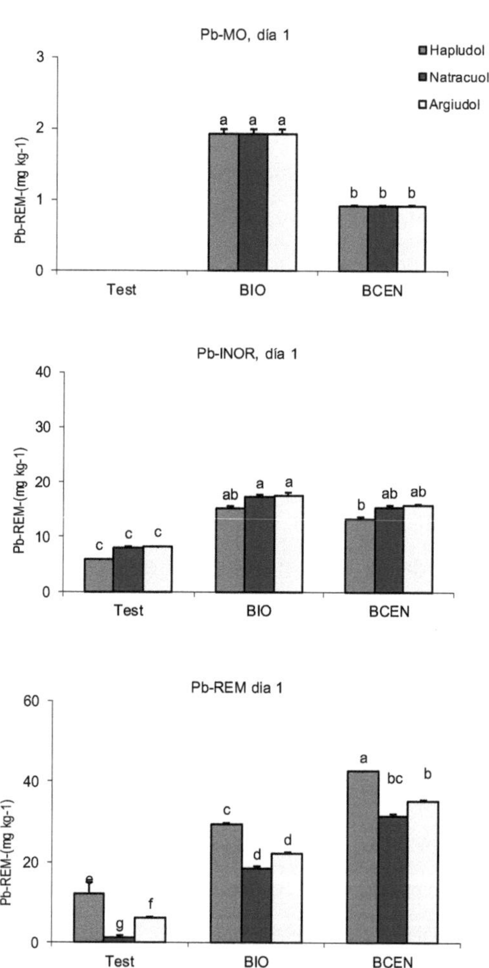

Los resultados obtenidos para los tres suelos en estudio sugieren que la baja concentración de Pb ligado a la materia orgánica en los suelos enmendados con BIO o BCEN en día 1 se particionó hacia fracciones de menor disponibilidad, lo cual es coherente con la química de este elemento (Kabata Pendías y Pendías, 2011). Estos resultados indicarían que el Pb tiene una mayor afinidad por otras superficies adsorbentes minerales, como óxidos de hierro y fosfatos, que sobre la materia orgánica, en concordancia con lo hallado por Sauvé *el al.*(2000).

Pb inorgánico (Pb-INOR)

A los 60 días se observó un incremento de Pb-INOR para los tres suelos en estudio con respecto a la fecha anterior (Figura 3.6). El incremento de Pb-INOR posiblemente se encuentre asociado a los procesos de adsorción de cinética rápida observados por Strawn *el al.*(1998). No se verificaron diferencias significativas entre los tratamientos BIO y BCEN para el Hapudol y Argiudol. En cambio, el Natracuol verificó diferencias entre tratamientos, siendo el tratamiento BIO significativamente superior al tratamiento BCEN.

Tsadilas *et al.* (1995) observaron que 60 días después del agregado de 120 t ha^{-1} de biosólido a un suelo de pH = 6.4, la fracción de Pb-INOR se incrementó significativamente, aunque no modificaron las concentraciones de Pb-INT, Pb-MO y Pb-RES con respecto al testigo. Sin embargo, Hooda y Alloway (1994) observaron que la fracción de Pb adsorbido sobre óxidos de Fe y Mn disminuía ligeramente a los 60 días y se hallaba asociado a un incremento de la fracción más lábil. Otros autores reportaron incrementos en la concentración de Pb-INOR. Harter (1983) observó que el Pb es fuertemente retenido en el suelo y que la precipitación constituye su principal mecanismo de retención. Sloan *et al.* (1997) observaron que, en suelos enmendados con biosólidos, la mayor proporción de Pb se extrajo de la fracción asociada a óxidos de Fe. También observaron que esta fracción se incrementó con dosis crecientes de biosólido, aunque la fracción de Pb-INT y Pb-MO no se vieron afectadas. En suelos contaminados también se observó que el Pb se encontró mayormente asociado con los óxidos de hierro y manganeso cristalinos (Ramos *et al.* 1994; Maiz *et al.* 1997). El incremento de Pb-INOR verificada en los suelos en estudio probablemente se deba a la formación de estos compuestos, ya que poseen una elevada constante de formación (Ramos *et al.* 1994).

Pb remanente

Se observó una disminución de Pb en las fracciones remanentes de los suelos tratados. Por los resultados obtenidos en la fracción anterior se deduce que, como resultado de una serie de reacciones entre los diversos componentes edáficos (Parkpain *et al.* 1999; Madrid, 1999), se manifestó una redistribución hacia las formas precipitadas como compuestos inorgánicos, termodinámicamente más estables (Ramos *et al.* 1994; Maiz *et al.* 1997).

En el tratamiento BIO el Hapludol no presentó diferencias significativas con respecto al Argiudol, y ambos suelos presentaron una concentración de Pb-REM significativamente superior al Natracuol. Comparando estos resultados con la fecha anterior, se puede concluír que el Pb-REM disminuyó en mayor proporción en el Hapludol y Natracuol que en el Argiudol.

Comparando los tratamientos para el mismo suelo, el contenido de Pb-REM del tratamiento BCEN fue significativamente superior al BIO en los tres suelos estudiados, lo cual indica que una elevada proporción del Pb incorporado cono cenizas se encuentra en esta fracción. En el tratamiento BCEN no se manifestaron diferencias significativas entre suelos, aunque en la fecha anterior la concentración de Pb-REM en el Hapludol era significativamente superior a los otros dos suelos.

Figura 3.6: Concentración de Pb a los 60 días de la incorporación de las enmiendas en las distintas fracciones (MO, INOR, REM) para los diferentes tratamientos. Letras iguales en la misma fracción indica que no hay diferencias significativas entre tratamientos (Tukey, p=0.05). Las barras verticales representan el error estándar.

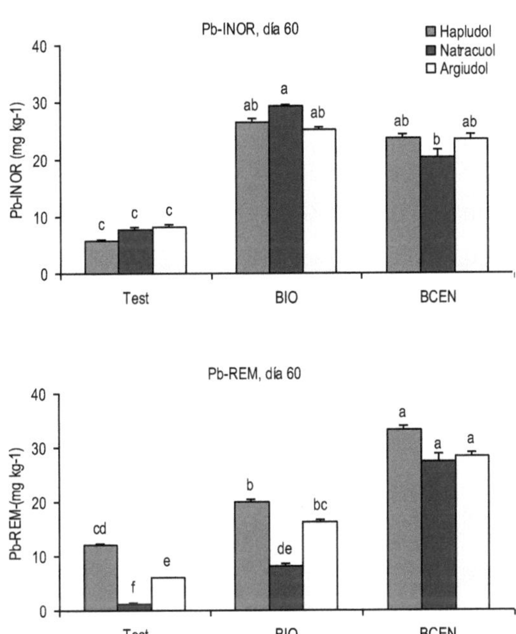

Si bien algunos autores postulan que el pH es uno de los factores que más influyen en la disponibilidad de Pb (Kabata Pendías y Pendías 2011), la bibliografía ofrece resultados contradictorios en cuanto a la relación del Pb-REM con el pH. Ciertos autores (Pierzynski y Schwab 1993; Dinel *et al.* 2000) observaron que el incremento de pH incrementó la fracción de Pb REM. Por otro lado, Zhu y Alva (1993) no pudieron establecer una relación entre el pH del suelo y la concentración de Pb-INOR o Pb-REM, mientras que Tsadilas *el al.*(1995) observaron que el incremento de pH del suelo no se vinculó con incrementos en el Pb-REM, sino con incrementos de la concentración de Pb-INT y Pb-INOR.

En los tres suelos estudiados, no es posible en esta fecha establecer una relación entre el pH del suelo y la partición del Pb. Para cada suelo, la concentración de Pb-REM fue significativamente mayor en el tratamiento BCEN (más alcalinos) que en el BIO. Sin embargo, la diferencia de pH de cada suelo dentro de los tratamientos BCEN parecería no haber tenido efecto sobre el contenido de Pb-REM. Por el contrario, en el tratamiento BIO, el Natracuol presentó un contenido de Pb-REM significativamente menor a los otros dos suelos. A diferencia del ensayo que realizó Harter (1983) con sales solubles de Pb, en el cual los equilibrios de adsorción se alcanzaron a las 24 hs, es probable que aún no se haya alcanzado el equilibrio entre las distintas fracciones, debido a que el Pb se introdujo al suelo en la matriz del biosólido.

Referencias

Ahumada, I., Gudenschwager, O., Carrasco, M. A., Castillo, G., Ascar, L., & Richter, P. (2009). Copper and zinc bioavailabilities to ryegrass (Lolium perenne L.) and subterranean clover (*Trifolium subterraneum* L.) grown in biosolid treated Chilean soils. Journal of Environmental Management, 90(8), 2665-2671. doi:10.1016/j.jenvman.2009.02.004

Akpa, S.I., Agbenin, J.O. 2012. Impact of cow dung manure on the solubility of copper, lead, and zinc in urban garden soils from northern Nigeria. Commun. Soil Sci Plan, 43(21), pp. 2789-2800

Alloway B J, Jackson A P, Morgan H. 1990. The accumulation of cadmium by vegetables grown on soils contaminated from a variety of sources. Science of the Total Environment 91: 223-236.

Alloway B J, Jackson A P. 1991. The behaviour of heavy metals in sludge amended soils. Science of the total Environment 100, 151 - 176.

Alloway B. J. 1995. Heavy metals in soils. 2° edición, ISBN 978-94-010-4586-5. Springer Netherlands, 368 p.

Almas A, Singh B R, Salbu B. 1999. Mobility of ^{109}Cd and ^{65}Zn in soil influenced by equilibration time, temperature and organic matter. J.Environ. Qual. 28 : 1742-1750.

Alva A K, Graham J H 1991. The role of copper in citriculture. Adv. Agron. 1 : 145-170.

Alva A K, Huang B, Paramasivam S. 2000. Soil pH affects copper fractionation and phytotoxicity. Soil Sci Soc Am J. 64: 955-962

Amato, M. 1983. Determination of ^{12}C and ^{14}C in plant and soil. Soil BiolBiochem 15: 611-612.

Bache C A, Lisk D J. 1990. Heavy metal absorption by perennial ryegrass and swiss chard grown in potted soils amended with ashes from 18 municipal refuse incinerators. J. Agric. Food Chem. 38: 190-194.

Bacon J R, Hewitt I J. 2000. A stable isotope approach to the study of the association of heavy metals ithdiferent soil components. Congreso Michigan

Barak P, Helmke P. 1993. The chemistry of Zn. In: Robson, AD (Ed) Zinc in soils and Plants. Kluwer Academic, Dordrecht, pp 1-13

Basta N T, Sloan J J. 1999. Bioavailability of heavy metals in strongly acidic soils treated with exceptional Quality biosolids. J.Environ.Qual. 28: 633-638.

Berti W R, Jacobs L W. 1996. Chemistry and phytotoxicity of soil trace elements from repeated sewage sludge applications. J.Environ. Qual 25: 1025-1032.

Blume H P, Brümmer. 1991. Prediction of heavy metal behaviour in soil by means of simple field tests. Ecotoxicol. & Envir. Safety, 22:164

Bolan N.S.,. Duraisamy V.P. 2003. Role of inorganic and organic soil amendments on immobilisation and phytoavailability of heavy metals: a review involving specific case studies, Aust J Soil Res 41: 533-555.

Brallier, S., Harrison, R. B., Henry, C. L., Dongsen, X. (1996). Liming effects on availability of Cd, Cu, Ni and Zn in a soil amended with sewage sludge 16 years previously. Water, Air, and Soil Pollution, 86(1-4), 195–206. doi:10.1007/bf00279156

Canet R, Pomares F, Tarazona F, Estela M. 1998. Sequential fractionation and plant availability of heavy metals as affected by sewage sludge applications to soils. Commun. Soil Sci Plant Anal 29(5&6):697-716.

Canet R, Pomares F, Tarazona F. 1997. Chemical extractability and availability of heavy metals after seven-year application of organic wastes to a citrus soil. Soil Use and Management 13: 117-121.

Chang A C, Page A L, Warneke J E, Grgurevic E. 1984. Sequential extraction of soil heavy metals following a sludge application. J.Environ.Qual. 13: 33-38.

Chirenje T, Ma L Q. 1999. Effects of acidification on metal mobility in a papermill-ash amended soil. J.Environ.Qual. 28: 760-766

Chowdhury A, McLaren R, Cameron K, Swift R. 1997. Fractionation of Zinc in some Zealand Soils. Commun. Soil Sci Plant Anal. 28 : (3-5) 301-312.

Dinel H, Paré T, Schitzer M, Pelzer N. 2000. Direct land application of cement kiln dust- and lime-sanitized biosolids: extractability of trace metals and organic matter quality. Geoderma 96:307-320

Emmerich W E, Lund L J, Page A L, Chang A C. 1982. Movement of heavy metals in sewage sludge-treated soils. J.Environ.Qual.11: 174-178.

Ge Y,Murray P, Hendershot W H .2000. Trace metal speciation and bioavailability in urban soils. Environ. Pollut. 107: 137-144.

Harter R, R Naidu. 1995. Role of metal-organic complexation in metal sorption by soils. Adv. Agron. 55: 219-263.

Hogg D S, McLaren R G, Swift R S. 1993. Desorption of copper from some New Zealand soils. Soil Sci.Soc.Am.J. 57: 361-366.

Hooda P S, Alloway B J. 1994. Changes in operational fractions of trace metals in two soils during two years of reaction time following sewage sludge treatment. Intern.J. Environ.Anal.Chem. 57:289-311

Kabata-Pendias A y Pendias H. 2011. Trace elements in soils and plants, 4th edition,ISBN 9781420093681, 1420093681, CRC Press, Boca Raton, Florida533p

Kalbitz, K., and R. Wennrich. 1998. Mobilization of heavy metals and arsenic in polluted wetland soils and its dependence on DOM. Science of the Total Environment 209:27-39.

Kinniburg M, Jackson M L. 1981. Cation adsorption by hidrous metal oxides and clay In M.A.Anderson and A.J.Rubin (ed) Adsorption of inorganics and solid-liquid interfaces. Ann Arbor Science, Ann Arbor, MI.

Krebs R, Gupta S K, Furrer G and Schulin R. 1998. Solubility and plant uptake of metals with and without liming of sludge- amended soils. J.Environ.Qual. 27: 18-23.

Lavado R S, Porcelli C A. 2000. Contents and main fractions of trace elements in Typic Argiudolls of the Argentinaen Pampas. Chemical Speciation and Bioavailability. 12(2): 67-70.

Lavado RS, Rodríguez MB, Scheiner JD, Taboada MA, Rubio G, Alvarez R, Alconada M, Zubillaga M. 1998. Heavy metals in soils of Argentina: Comparison between urban and agricultural soils. Communication in Soil Science and Plant Analisys, 29: 1913-17.

Lavado RS, Zubillaga M, Alvarez R y Taboada MA. 2004. Baseline levels of potentially toxic elements in pampas soils. Soil & Sediment Contamination: an International Journal 15 (5): 329-339.

Luo, Y.M., Christie, P. 1998. Bioavailability of copper and zinc in soils treated with alkaline stabilized sewage sludges. Journal of Environmental Quality, 27(2), pp. 335-342

Ma L Q, Rao G N. 1997. Chemical fractionation of cadmium, copper, nickel and zinc in contaminated soils .J.Environ. Qual. 26: 259-264.

Maiz I, Esnaola M V, Millan E. 1997. Evaluation of heavy metal availability in contaminated soils by a short sequential extraction procedure. The Sci of the total Ennvironment 206: 107-115.

Mangione D, Bellicioni S, Colombo L, Figliolia A. 1998. Heavy metal forms evolution in the solid phase of a seven years sewage sludge treated soil. . 16° World Congress of Soil Science, France. CD. Scientific Registration N°2493.

McGrath S P, Zhao FJ, Dunham S J, Crosland A R, Coleman K. 2000. Long-term changes in the extractability and bioavailability of Zn and Cd after sludge application. J. Environ. Qual29: 875-883

Mishra, R., Datta, S. P., Annapurna, K., Meena, M. C., Dwivedi, B. S., Golui, D., & Bandyopadhyay, K. (2019). Enhancing the effectiveness of zinc, cadmium, and lead phytoextraction in polluted soils by using amendments and microorganisms. Environmental Science and Pollution Research. doi:10.1007/s11356-019-05143-9

Paré T, Dinel H, Schnitzer M. 1999. Extractability of trace metals during co-composting of biosolids and municipal solid wastes. BiolFertil Soils. 29: 31-37

Parkpain P, Sreesai S y Delaune RD. 2000. Bioavailability of heavy metals in sewage sludge-amended Thai soils. Water, Air and Soil Pollution 122: 163-182. Doi: 10.1023/A:1005247427037

Pierzynski G M, Schwab A P. 1993. Bioavailability of zinc, cadmium and lead in a metal contaminated alluvial soil. J.Environ.Qual.22: 247-254.

Pinochet D, Aguirre J y Quiroz E. 2001. Estudio de la lixiviación de Cadmio, Mercurio y Plomo en suelos derivados de cenizas volcánicas, Agro Sur 30: 51-58.

Pitchel J, Anderson M. 1997. Trace metal bioavailability in municipal solid waste and sewage sludge composts. BioreourceTecnology 60: 223-229.

Ramos L, Hernandez L M, Gonzalez M J. 1994. Sequenia fractionation of copper, lead, cadmium and zinc in solis from or near Doñanana National Park. J.Environ. Qual. 23: 50-57.

Sauvé S, Hendershot W y Allen H.E. 2000. Solid-solution partitioning of metals in contaminated soils. Dependence on pH, total metal burden, and organic matter, Environmental Science ,Technology 34: 1125-1131.

Sauvé S, Mc Bride M, Hendershot W. 1998. Soil solution speciation of lead (II): Effects of organic matter and pH. Soil Sci. Soc. Am. J. 62: 618-621.

Sauvé S, Mc Bride M, Norvell W A, Hendershot W. 1997. Copper solubility and speciation of in situ contaminated soils: Effects of copper level, pH and organic matter. Water, Air and Soil Pollut. 100: 133-149.

Schmidt J P. 1997. Understanding phytotoxicity thresholds for trace elements in land-applied sewage sludge. J. Environ. Qual. 26: 4-10

Shuman L M. 1999. Organic waste amendments effect on zinc fractions of two soils. J.Environ Qual.28:1442-1447.

Shuman L M., Li Z. 1997. Amelioration of zinc toxicity in cotton using lime or mushroom compost. J-Soil Contam. 6:425-438.

Silviera D J, Sommers L E. 1977. Extractabiity of copper, zinc, cadmium, and lead in soils incubated with sewage sludge. J.Environ. Qual. 6: 47-52.

Sims J T, Kline J. 1991. Chemical fractionation and plant uptake of heavy metals in soils amended with co-composed sewage sludge. J. Environ. Qual. 20: 387-395.

Sloan J, Dowdy R H, Dolan M S, Linden D R. 1997. Long term effects of biosolids applications on heavy metal bioavailability in agricultural soils. J.Environ.Qual. 26: :966-974.

Smolders E., Degryse F. 2006. Fixation of cadmium and zinc in soils: implication for risk assessment. In: Natual attenuation of trace element availability in soils, eds. R. Hamon, M. McLaughlin, E. Lombi, 157-171, Taylor & Francis, Boca Raton, FL.

Sposito G, Lund L J, Chang A C. 1982. Trace metal chemistry in arid zone fields soils amended with sewage sludge : fractionation of Ni, Cu, Zn, Cd and Pb in solid phases. Soil Sci. Soc.Am.J.46: 260-264

Strawn D, Scheidegger A, Sparks L. 1998. Kinetics and mechanisms of Pb (II) sorption and desorption at the aluminum oxide-water interface. Environ. Sci. Technol. 32 (7): 2596-2601.

Strawn D, Sparks L. 2000. Effects of organic matter on the kinetics and mechanisms of Pb(II) sorption and desorption in soil. . Soil Sci. Soc.Am.J.64 : 144-156.

Swift R S, McLaren R G. 1991. Micronutrient sorption by soils and soil colloids. P.257-292. In G.H.Bolt et al. (ed). Interactions al the soil colloid-solution interface. Kluwer Academic Publ., Dordrecht, the Nederlands.

Tiesdale S L, Nelson W L, Beaton J D, Havlin J L. 1993. Micronutrients and other beneficial elements in soils and fertilizer. P. 304-363. In S.L.Tisdale *el al.*(ed) Soil fertility and fertilizers. 5th ed. Macmillan Publ. Co., New York.

Torri S, Alvarez R, Lavado R. 2003. Mineralization of Carbon from Sewage sludge in three soils of the Argentine pampas. Commun. Soil Sci. and Plant Anal. 34: 2035-2043. DOI: 10.1081/CSS-120023235

Torri S, Lavado R. 2002. Distribución y disponibilidad de elementos potencialmente tóxicos en suelos representativos de la provincia de Buenos Aires enmendados con biosólidos. Ciencia del Suelo. 20 (2): 98-109. ISSN 0326-3169.

Tsadilas C D, Matsi T, Barbayiannis N, Dimoyiannis D.1995. Influence of sewage sludge application on soil properties and on the distribution and availability of heavy metal fractions. Commun.SoilSci.Plant Anal. 26 (15&16), 2603-2619 .

Walter I y Cuevas G. 1999. Chemical fractionation of heavy metals in a soil amended with repeated sewage sludge application. Science of the Total Environment, 226: 113-119.

Wang, Y., Tang, D., Yuan, X., Uchimiya, M., Li, J., Li, Z., Luo Z , Xu Z, Sun, S. 2020. Effect of amendments on soil Cd sorption and trophic transfer of Cd and mineral nutrition along the food chain. Ecotoxicology and Environmental Safety, 189, 110045. doi:10.1016/j.ecoenv.2019.110045

Wu J, Laird A D,Thompson M L. 1999. Sorption and desorption of copper in soil clay components. J.Environ.Qual. 28:334-338.

Zhao F, McGrath S, Dunham S. 1999. Factors affecting the solubility of zinc, cadmium, copper and nickel in sewage sludge amended soils. Proc. 5th Intern Conf on the biogeochem of trace elements, Vienna., p. 270-271.

Zhu B, Alva A K. 1993. Distribution of trace metals in some sandy soils under citrus production. Soil Sci. Soc. Am. J. 57: 350-355.

Capítulo 4: Fitoestabilización de elementos traza en suelos enmendados con biosólidos

Silvana Torri y Raúl Lavado

Facultad de Agronomía, Universidad de Buenos Aires, Argentina

Los elementos de mayor biodisponibilidad vegetal se encuentran en la solución del suelo o adsorbidos sobre los complejos húmico arcillosos, siendo absorbidos como iones libres o en forma quelatada. El uso de especies vegetales para estabilizar o remover ET de los suelos, generalmente definido como fitorremediación, ofrece la ventaja de ser una tecnología económica y amigable con el medio ambiente. Sin embargo, el establecimiento de una cobertura vegetal apropiada constituye un paso crítico y depende en gran medida de la tolerancia de la especie a las condiciones edáficas. Según Robinson *et al.* (2009), las especies vegetales presentan distintas estrategias para mantener niveles bajos de ET en los tejidos en un amplio intervalo de concentración de ET en el suelo. Las especies tolerantes poseen diferentes mecanismos de defensa, como absorción selectiva de cationes, disminución de la permeabilidad celular, almacenamiento de elementos en formas poco solubles en ciertos órganos vegetativos (raíces, hojas y granos) o eliminación de cationes por el sistema radical (Abdul Rida 1996). Pero cuando la concentración de ET es tan elevada que los mecanismos de regulación se saturan, estos elementos ingresan en elevada proporción al metabolismo vegetal, causando una reducción en el crecimiento y, en ocasiones, clorosis o necrosis.

La fitoestabilización es una tecnología de manejo que implica la estabilización del ET en el suelo, reduciendo su biodisponibilidad mediante el uso de especies vegetales con la incorporación (o no) de otras enmiendas que faciliten dicho proceso (Vangronsveld *et al.* 2009). Dichas enmiendas pueden ser de distinta naturaleza, como fosfatos, hidroxiapatita, zeolitas, cenizas y materiales orgánicos como biosólidos, lodos o compost (Adriano *et al.* 2004).

El establecimiento de una cobertura vegetal en los suelos enmendados con biosólidos contribuye a minimizar la dispersión de partículas a través del viento y / o procesos de escorrentía, reducir la transferencia hídrica a través del suelo y disminuir los procesos de mineralización de la materia orgánica recientemente incorporada, (Vangronsveld *et al.* 1991, 1995).

Para ser utilizada en un proceso de fitoestabilización, la especie vegetal debe cumplir con una serie de características, no solamente relacionadas con su respuesta fisiológica frente a la presencia del ET sino con un contexto más complejo. en el cual este proceso desea implementarse. La Agencia de Protección del Medio Ambiente de Estados Unidos (US EPA, 2000), sugiere dar preferencia a las especies vegetales reportadas como capaces de metabolizar o tolerar el contaminante a remediar; de fácil implantación, gran producción de biomasa en general y particularmente radical, que presenten facilidad para su manejo y reproducción; el uso de especies nativas, especialmente aquellas que presenten un valor productivo, como cultivos o forrajes, disponibles comercialmente y en cantidad suficiente para cumplir con las demandas del protocolo a implementar.

Por otro lado, el sistema radical de la planta debe presentar una relación adecuada entre la superficie y el volumen de suelo a remediar, con el fin de maximizar el área de contacto. A su vez, debe ser suficientemente profundo como para alcanzar la profundidad en el perfil de suelo donde se encuentra el elemento a estabilizar. La especie vegetal debe adaptarse a los distintos tipos de estrés (bióticos o abióticos) que pueden manifestarse en el sitio a remediar. Otros aspectos a tener en cuenta incluyen el método de implantación, grado de cobertura, fenología, riego, volumen de producción, tasa de crecimiento, entre otros.

El raigrás (*Lolium perenne* L.) es una de las especies más utilizadas para programas de control de erosión de suelos, y para la fitoestabilización de ET (Arienzo *et al.* 2004). Esta especie pertenece a la familia de las gramíneas o *Poaceae,* es de rápida germinación, presenta un vigoroso crecimiento, es de fácil manejo y se encuentra adaptada a temperaturas subtropicales. Es una especie forrajera muy utilizada en los sistemas de producción ganadera. Su elevada palatabilidad y digestibilidad hacen que esta especie sea muy utilizada en sistemas lecheros y ovinos. Por este motivo, y porque que se adapta a una gran variedad de suelos, es la pastura forrajera más comúnmente sembrada en las regiones templadas. Su alta tasa de crecimiento, y su extenso sistema radical hacen que este cultivo sea también muy utilizado en sistemas de reciclaje de nutrientes. Cultivos de alta productividad pueden absorber entre 336 a 448 kg N ha^{-1} año^{-1} en suelos enmendados con biosólido. Esta capacidad de absorber elevadas proporciones de N la transforma en una especie de alta calidad forrajera, a la vez que evita la lixiviación de nitratos (Hannaway *et al.* 1999). En este sentido, la especie *Lolium perenne* es muy utilizada para programas de control de erosión de suelos, y en estudios de fitorremediación de suelos contaminados, tanto como fitoextractora (Gunawardana *et al.* 2010) como fitoestabilizadora (Bidar et. al., 2009).

A su vez, y dada la elevada concentración de Cu y Zn que presentan los biosólidos, su aplicación a los suelos como enmienda orgánica a suelos destinados al cultivo de forraje podría mejorar la calidad nutricional del raigrás. Estos elementos, junto con otros minerales, son habitualmente incorporados a través de la dieta bovina.

En este Capítulo se evalúa la disponibilidad de Cd, Cu, Pb y Zn en tres suelos adicionados con biosólido y biosólido más cenizas para un cultivo índice *(Lolium perenne* L), y se establece la relación entre la biodisponibilidad en los suelos al momento de implantar el cultivo y la concentración de Cd, Cu, Pb y Zn en biomasa aérea

Ensayo

Se utilizaron 2.5 kg de cada uno de los tres suelos descriptos en el Capitulo 3 para los siguientes tratamientos: control, BIO (biosólido puro equivalente a 150 t MS ha-1) y BCEN (biosólido adicionado con 30% (P/P) de cenizas, equivalente a 150 t MS ha-1). La masa de BIO y BCEN se pesó por separado para cada maceta, y se homogeneizó con el suelo correspondiente. Estos tratamientos constituyeron un diseño factorial 3 x 3 x 2, con cinco repeticiones: 3 suelos (Hapludol típico, Argiudol típico, Natracuol típico) x 3 enmiendas (control, BIO, BCEN) x 2 (sin planta, con raigrás). La humedad equivalente se determinó por el método del goteo (Mizuno *et al.* 1978). Se ajustó el contenido hídrico de las macetas a 2/3 de capacidad de campo (día 1). La humedad de las macetas se ajustó periódicamente por gravimetría utilizando agua destilada. Las macetas se dejaron estabilizar durante dos meses en invernáculo. El comienzo de la estabilización de las macetas (día 1) coincidió con el inicio del ensayo descripto en el Capítulo 3.

A los dos meses del inicio del riego, cada maceta se sembró al voleo con 2,00 g de semillas de raigrás (*L perenne*). Para lograr mejores condiciones en la germinación, se mantuvieron las macetas a 18°C, en un ambiente iluminado desde la siembra hasta 15 días después de germinación. Las primeras plántulas comenzaron a emerger 7 días después de la siembra. La emergencia se completó en su totalidad a los 15 días de la siembra. Luego de la emergencia, las macetas se acomodaron en un invernáculo en forma aleatorizada, cambiándolas de ubicación en forma periódica. El contenido hídrico se mantuvo a 80% de capacidad de campo a lo largo del ensayo. No se realizó ningún tipo de fertilización. Los cortes se efectuaron cuando la biomasa aérea tenía una altura de 20 cm. Se realizaron cuatro cortes de biomasa aérea: a los 120, 140, 180 y 200 días.

La biomasa aérea cosechada se secó en estufa a 65º C, se pesó y posteriormente se molió con molinillo de acero inoxidable. Para determinar la concentración de Cd, Cu, Pb y Zn en biomasa aérea se realizó una digestión ácida a 180ºC. El digestado se filtró al vacío, y el volumen final se ajustó a 25 ml con agua destilada. La concentración de Cd, Cu, Pb y Zn se determinó mediante espectroscopía de emisión de plasma (ICP - AES).

Todos los datos se analizaron estadísticamente mediante análisis de varianza (ANOVA), previa comprobación de homogeneidad (prueba de Bartlett) y de normalidad (prueba de Shapiro-Wilk). En caso de no cumplirse la homogeneidad de varianza, las variables se trasformaron para su análisis estadístico (Kuehl 1994). Las medias se analizaron mediante el test de Tukey (HSD), con el nivel de significancia de p< 0,05 (Zar 1999). Se utilizó el programa Statistics (versión 1.0, 1996).

Producción de biomasa

La producción total de biomasa en los suelos enmendados con biosólido o biosólido más 30% de cenizas fue significativamente mayor comparada con los testigos durante el período de 4 meses El incremento de biomasa del raigrás cosechado en los suelos enmendados con biosólidos se debe al mayor contenido de materia orgánica del suelo y al aporte de macro y micronutrientes.

En el primer corte (Tabla 4.1), la producción de biomasa no se diferenció estadísticamente entre tratamientos. No se observaron efectos fitotóxicos en ninguno de los tratamientos. La baja temperatura correspondiente el período invernal, y la escasa competencia entre plántulas al inicio del cultivo pudieron ser los factores que no permitieron observar diferencias de biomasa entre los testigos y los suelos enmendados. A partir del segundo corte, el Argiudol

Tabla 4.1: Biomasa de la parte aérea de raigrás en cada uno de los cortes y biomasa aérea total correspondiente a todos los tratamientos. El análisis estadístico se realizó sobre cada corte (letras minúsculas) y sobre la suma de los cortes (letras mayúsculas). Los promedios seguidos por las mismas letras no presentan diferencias significativas (Tukey, p>0.05)

	1° corte		2° corte			3° corte			4° corte			Biomasa total	
	gr materia seca / maceta												
Hapl - Test	2,43 ± 0,05	ab	2,66	± 0,11	ab	3,01	± 0,13	bc	1,73	± 0,10	b	9,83	BC
Hapl - BIO	2,45 ± 0,07	ab	3,01	± 0,10	a	5,49	± 0,14	a	4,38	± 0,30	a	15,32	A
Hapl - BCEN	2,82 ± 0,10	ab	2,99	± 0,06	a	5,82	± 0,10	a	3,14	± 0,07	ab	14,78	A
Natr - Test	1,97 ± 0,09	b	1,76	± 0,13	b	1,11	± 0,13	c	0,84	± 0,06	c	5,68	C
Natr - BIO	2,22 ± 0,13	ab	2,45	± 0,13	ab	4,99	± 0,22	ab	4,65	± 0,25	a	14,32	A
Natr - BCEN	2,32 ± 0,12	ab	2,35	± 0,09	ab	4,31	± 0,30	ab	4,17	± 0,44	a	13,15	AB
Arg - Test	2,51 ± 0,16	ab	1,96	± 0,16	b	1,58	± 0,16	c	0,78	± 0,02	c	6,82	C
Arg - BIO	3,07 ± 0,07	a	3,28	± 0,02	a	5,28	± 0,35	a	4,50	± 0,26	a	16,13	A
Arg - BCEN	2,87 ± 0,13	ab	2,96	± 0,05	a	4,74	± 0,22	ab	3,33	± 0,23	ab	13,90	AB

enmendado con BIO y BCEN produjo mayor biomasa que el testigo. En el tercer corte, la producción de materia seca de los tres suelos correspondientes a los tratamientos BIO y BCEN fue significativamente mayor a los testigos, representando en ciertos casos un incremento mayor al. 300%. El menor rendimiento en biomasa de los suelos testigo sugiere que se produjo un agotamiento de nutrientes, aunque no se observaron síntomas de deficiencia en ningún momento.

No se manifestaron diferencias significativas entre los tratamientos BIO y BCEN para ninguno de los tres suelos en los cuatro cortes efectuados. Estos resultados indican que los elementos incorporados en las cenizas del biosólido no se hallaban en formas fitotóxicas para este cultivo

Concentración de cadmio, cinc, cobre y plomo en biomasa aérea

Cadmio (Cd)

La concentración de Cd en el material vegetal estudiado se encontró, en todos los casos, por debajo del límite de cuantificación el equipo, posiblemente debido a que la concentración de Cd en los suelos fue extremadamente baja. Kabata-Pendías y Pendías (2011) observaron que, en suelos no contaminados, la concentración de Cd en raigrás presentó valores máximos de 0.17 mg kg^{-1}. Por lo tanto, la absorción de Cd en suelos enmendados con una dosis máxima de 150 t MS ha^{-1} de BIO o BCEN no representaría un riesgo potencial de ingreso de Cd a la cadena trófica.

Cinc (Zn)

La concentración de Zn en el primer y tercer corte de raigrás cosechado en los suelos testigo fue del orden de las concentraciones medidas por Perronet *el al.*(2000) en raigrás cultivado en un Luvisol, con un contenido de Zn en suelo semejante al de los suelos utilizados para este trabajo.

La absorción de Zn en el primer corte de raigrás fue significativamente mayor en los tratamientos BIO y BCEN. En los suelos enmendados, se observó en día 1 una mayor concentración de Zn-INT que en los testigos, con incrementos del orden del 150-400 %, aunque en el Hapludol tratamiento BIO llegaron hasta el 700%. Otros autores observaron resultados semejantes (Abdul Rida 1996). No se manifestaron diferencias estadísticas entre los tratamientos BIO y BCEN para los tres suelos estudiados. Por lo tanto, el Zn incorporado a través de las cenizas se encontró en formas poco disponibles para el cultivo, de acuerdo a lo observado en las determinaciones de suelo. La absorción de este elemento se relacionó con la textura de los suelos. Krebs *et al.* (1999) observaron un significativo descenso en la concentración de Zn en la parte aérea de raigrás, del orden de 37 a 75% debido a la aplicación de materiales de tamaño arcilloso en suelos contaminados, aunque también observaron una disminución de Zn-INT. En el fraccionamiento de suelos se observó que el Zn-INT se relacionó con el pH del suelo y no con su textura. En vegetal, no se observó una relación entre absorción de Zn y pH del suelo en este corte. Krebs *et al.* (1999) tampoco observaron una relación entre la concentración de Cu o Zn en raigrás y el pH del suelo. Por otro lado, Sauerbeck (1991) observó que el incremento de pH de los suelos incrementó la disponibilidad de Cd y Zn para numerosas especies vegetales, aunque en raigrás este efecto fue menos pronunciado.

Los resultados obtenidos indican que la actividad radical generó un mayor "pool" de Zn lábil en el suelo de textura más gruesa. Comparando suelos de diferente textura, Sauerbeck (1991) concluyó que el contenido de arcilla y la materia orgánica no influyó en la absorción vegetal de raigrás. Por otro lado, Krebs *et al.* (1999) observaron que la concentración de Zn vegetal se encontraba estrechamente relacionada con la textura del suelo, no así la concentración de Cu vegetal.

En el tercer corte, la concentración de Zn correspondiente a los tratamientos BIO y BCEN presentó, al igual que el primer corte, una concentración significativamente superior a los testigos. Para los tratamientos BIO y BCEN, el Hapludol presentó la mayor disminución en la concentración de Zn en parte aérea, con disminuciones de concentración del orden de 41% y 61% con respecto al primer corte. En el Argiudol, en cambio, la concentración de Zn no se modificó significativamente con respecto al primer corte, posiblemente debido a la mayor capacidad buffer de este suelo. Estos resultados no coinciden con los hallados por Bache y Lisk (1990) quienes observaron en un suelo franco limoso un incremento en la concentración de Cd y Zn en el segundo corte de raigrás comparado con el primero cultivado en un suelo franco limoso enmendado con ceniza. Sin embargo, en dicho ensayo, la concentración de Zn en el raigrás en los testigos disminuyó en el segundo corte. Perronet *el al.*(2000) observaron, en un Luvisol enmendado con residuos de vegetales hiperacumuladores, una tendencia a la disminución en la concentración de Zn en parte aérea de raigrás a lo largo de los tres cortes efectuados. Sin embargo, Domíngues *el al.*(1998) observaron que con dosis de biosólido superiores a 20 ton/ha, la concentración de Zn en el segundo corte era inferior al correspondiente al primer corte.

Debido a que la concentración de Zn en el primer corte fue elevada, con una biomasa aérea inferior al tercer corte, con menor concentración vegetal de Zn, los resultados podrían sugerir una posible toxicidad a este elemento. Macnicol y Beckett (1985) reportaron que la concentración crítica de Zn para raigrás fue de 400 mg kg-1 en parte aérea, cercana a la concentración medida en el Hapludol, tratamiento BIO. Sin embargo, Bache y Lisk (1990) midieron concentraciones de Zn muy superiores a la observada en este trabajo, sin observar efectos fitotóxicos al Zn. Los efectos tóxicos se manifestaron, en cambio, debido al incremento de salinidad de los suelos enmendados con cenizas. La concentración de Cu y Zn del primer corte del raigrás cultivado en el Hapludol presentó valores que duplicaron los correspondientes al Cu y Zn en el Argiudol. Sin embargo, no se observaron mermas en el rendimiento, ya que la biomasa aérea del Hapludol no difirió significativamente del Argiudol ni de los correspondientes testigos, ni síntomas visuales de toxicidad.

Figura 3.1: Concentración de Zn en raigrás (mg kg^{-1}) en el 1° y 3° corte. Tratamientos: testigo. Letras iguales en la misma fracción indica que no hay diferencias significativas entre tratamientos (Tukey, p=0.05). Las barras verticales representan el error estándar.

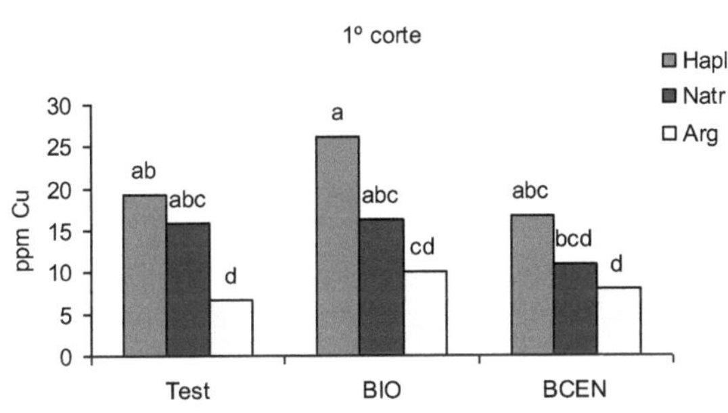

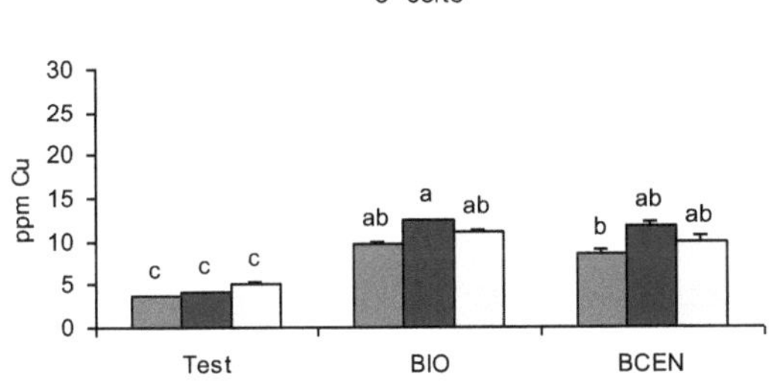

El Natracuol presentó valores intermedios de Cu y Zn a los suelos precedentes, aunque tampoco presentó diferencias significativas de rendimiento con respecto al testigo. Estos resultados indican que la elevada concentración vegetal de Cu y Zn en el raigrás cultivado en el Hapludol no fueron limitantes para el desarrollo del cultivo.

En la Figura 3.2 se observa la correlación entre Zn-INT al inicio del ensayo y Zn en biomasa aére

Figura 3.2: Relación entre Zn-INT (60 días) y Zn en biomasa en el primer corte de raigrás cosechado en los suelos Hapludol típico, Natracuol típico y Argiudol típico.

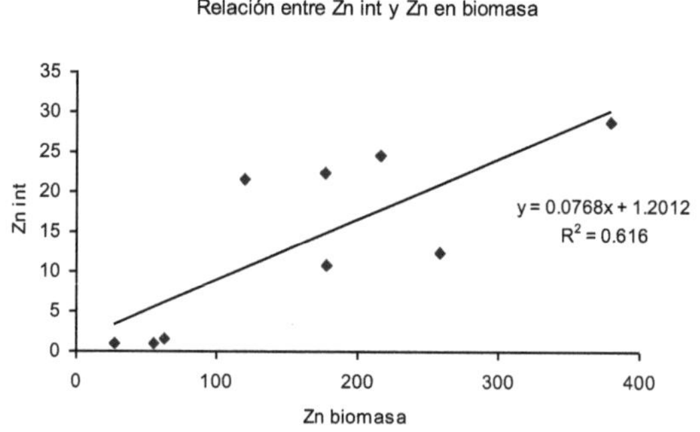

En el tercer corte se observaron incrementos de biomasa aérea con respecto al primer corte. Abdul Rida (1996) concluyó que el significativo incremento de la biomasa vegetal aérea y subterránea de raigrás observada en suelos con distinto nivel de biodisponibilidad de Cd, Cu, Fe, Pb y Zn con respecto a un testigo sin contaminar se debió a un mecanismo de desintoxicación mediante la cual la concentración de elementos traza se diluyen en una mayor biomasa vegetal. La concentración de Zn medida por Abdul Rida (1996) en biomasa aérea fue de 100 ppm inferior a la medida en este ensayo. Se ha observado que el *Lollium perenne* puede acumular más de 500 mg de Zn por kg de biomasa aérea (MS) en suelos contaminados (Zacarías Salinas *et al.* 2012). De hecho, Jordan *el al.* (2009) informaron condiciones fitotóxicas cuando cultivaron raigrás en deshechos de relaves de Pb y Zn, con una concentración de Zn en BMA de 2199 mg·kg^{-1}. Bidar *el al.* (2007) determinaron concentraciones de 218 mg Zn·kg^{-1} en BMA de *L. perenne* en suelos altamente contaminados cercanos a una fundición (1300 mg Zn·kg^{-1} suelo)

La concentración de Cu y Zn en el tercer corte de raigrás en el Argiudol no difirieron marcadamente de las encontradas en el primer corte, aunque la biomasa aérea en el tercer corte fue más elevada. Se deduce entonces que este incremento en el rendimiento no se produjo por efectos de dilución de Cu o Zn, sino más bien al aporte de nutrientes por parte del biosólido. El aumento de temperatura y el mayor fotoperíodo del período asociado a este corte influyeron en los resultados observados.

Cobre (Cu)

En el primer corte, se observó que el raigrás implantado en el suelo de textura más gruesa presentó en los tres tratamientos una concentración más elevada de Cu en biomasa aérea que en el suelo de textura más fina (Figura 3.3). El Natracuol, de textura intermedia entre el Hapludol y el Argiudol, también presentó valores de Cu intermedio entre estos dos suelos.

Por otro lado, en cada suelo, no se observaron diferencias significativas en la concentración de Cu entre tratamientos. Estos resultados indican que el Cu absorbido en los tratamientos BIO y BCEN no provino de las enmiendas incorporadas a los suelos, sino que provino de los suelos prístinos. En la Figura 3.4 se observa la relación entre Cu-MO y Cu-INOR en los suelos testigo a los 60 días de la incorporación de las enmiendas y la concentración de Cu en el primer corte de raigrás.

Las arcillas minerales son constituyentes naturales de los suelos que poseen una gran superficie específica y carga negativa permanente (Alloway 1995), capaces de adsorber cationes metálicos por intercambio catiónico. Keitzer y Bruggenwert (1991) observaron que la adsorción específica debida a interacciones con los grupos hidroxilo situados en los bordes de las arcillas minerales son cuantitativamente menos importantes en la adsorción de elementos traza. La movilidad y disponibilidad de los elementos traza en suelos contaminados generalmente se reduce por la aplicación de arcillas minerales (Gupta *et al.* 1996). Krebs *el al.* (1999) observaron que la aplicación de material de características arcillosas (con superficie específica de 8,5 m^2g^{-1} y CIC: 55 $cmol_c$ kg^{-1}) produjo un descenso significativo en la concentración de Cu en la parte aérea de raigrás cultivado en el suelo de mayor contaminación. Sin embargo, la incorporación de este material también redujo la concentración de Cu-INT. Si bien en el estudio de fraccionamiento no se observó efecto de textura a los 60 días, el raigrás absorbió una mayor concentración de Cu en el suelo de textura más gruesa en el primer corte. Posiblemente la actividad radical produjo cambios químicos en las fracciones de Cu en este suelo, ya que los exudados vegetales pueden formar complejos con los elementos traza y así modificar su disponibilidad (Hinsinger 1999).

En el tercer corte, el raigrás cosechado en los tratamientos BIO y BCEN presentó una concentración de Cu significativamente mayor a los testigos en los tres suelos estudiados. En este corte se observó el efecto de la incorporación de Cu a través de las enmiendas. En la Figura 3.5 se observa la relación entre Cu-MO y Cu-INOR en los suelos testigo y tratados a los 60 días de la incorporación de las enmiendas y la concentración de Cu en el tercer corte de raigrás. No se manifestaron diferencias significativas entre los

Figura 3.3: Concentración de Cu en raigrás (mg kg⁻¹) en el 1° y 3° corte. Tratamientos: testigo. Letras iguales en la misma fracción indica que no hay diferencias significativas entre tratamientos (Tukey, p=0.05). Las barras verticales representan el error estándar.

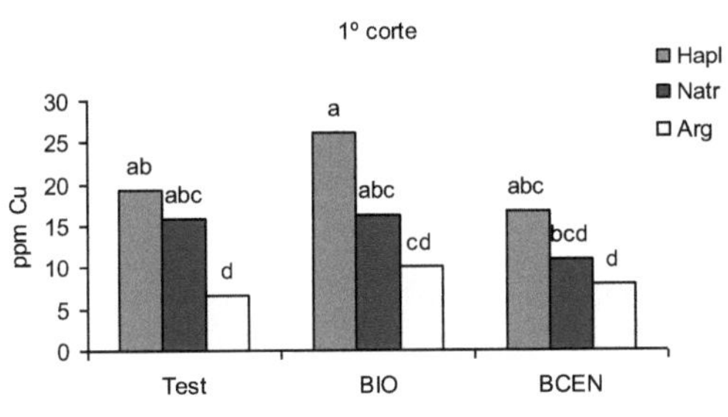

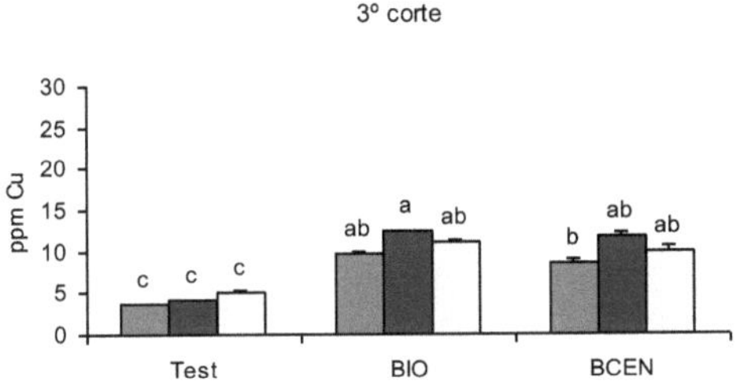

Figura 3.4: Relación entre Cu-MO y Cu-INOR en los suelos testigo a los 60 días de la incorporación de las enmiendas y la concentración de Cu en el primer corte de raigrás

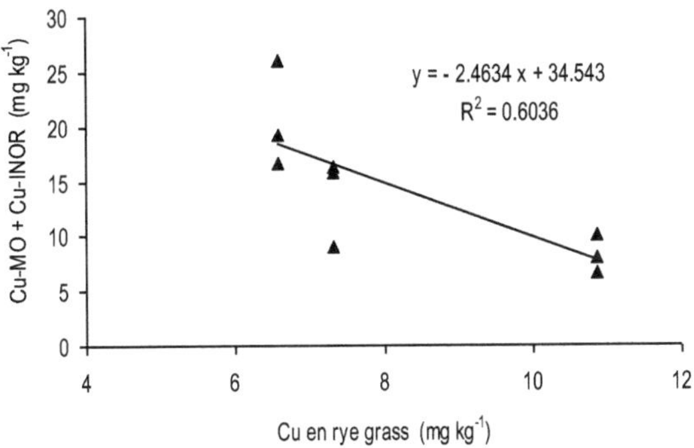

tratamientos BIO y BCEN. Este resultado indica que el Cu incorporado a través de las cenizas se encontró en formas poco disponibles para este cultivo, en concordancia con los resultados obtenidos en el fraccionamiento de suelos. Tampoco se observaron diferencias significativas entre los suelos dentro de cada tratamiento. El raigrás testigo presentó en este corte una menor concentración de Cu, particularmente en el Hapludol y Natracuol, ya que la mayor proporción de Cu disponible se absorbió en los cortes anteriores.

Figura 3.5: Relación entre la concentración de Cu en el primer corte de raigrás y la concentración de Cu-MO y Cu-INOR en los suelos testigo y correspondientes al tratamiento BIO y BCEN a los 60 días de la incorporación de las enmiendas

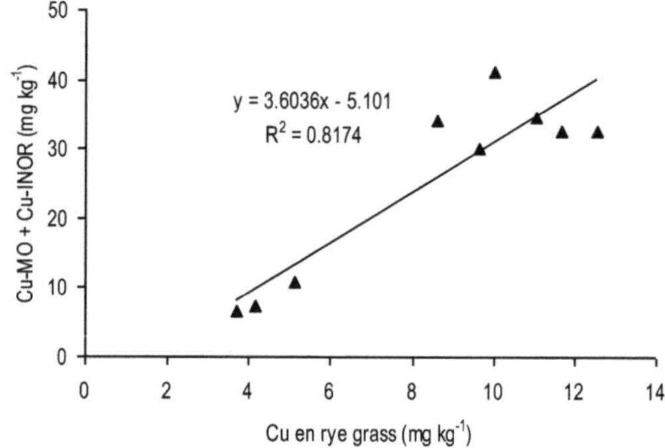

La concentración de Cu en biomasa aérea del raigrás cultivado en el Hapludol representó el 36% del Cu extraído en el primer corte para el tratamiento BIO y el 51% para el tratamiento BCEN. En el Natracuol, las extracciones representaron un 77% y 107% del Cu extraído en el primer corte para los tratamientos BIO y BCEN, mientras que el Argiudol, se observó un ligero incremento, más marcado para el tratamiento BCEN (109% y 125% respectivamente). Los vegetales absorben los elementos de los "pools" más lábiles, y por lo tanto poseen la habilidad de agotar el "pool" de metales disponibles en el suelo. Domingues *el al.*(1998) también observaron una menor concentración de Cu en el segundo corte de raigrás para distintas dosis de biosólido.

Plomo (Pb)

La concentración de Pb en parte aérea se encontró en todos los casos por debajo del límite de cuantificación. En el suelo, este elemento se encontró en las fracciones de menor disponibilidad (INOR, REM). Por otro lado, el Pb es un elemento muy poco móvil en tejidos vegetales, y su concentración es generalmente mayor en raíz que en parte aérea (Gorlach *et al.* 1990; Abdul Rida 1996). Sauerbeck (1991) observó que el Pb no se acumula en la raíz, debido a que el contenido en el suelo es mayor a su concentración en raíz. Concluyó que la baja traslocación de este elemento a la parte aérea se debía a la fuerte interacción del Pb con la fase sólida del suelo más que a mecanismos radicales que impidan la absorción. Mengel y Kirkby (1978) observaron que cuando el raigrás es cosechado en un suelo contaminado, el Pb precipita como formas inactivas de pirofosfato en la pared celular de la raíz.

Por lo tanto, la baja concentración de formas disponibles en el suelo, junto con su escasa traslocación son los motivos por los cuales no se detectó este elemento en biomasa aérea.

Conclusiones

En el período estudiado, la incorporación de biosólidos o de la mezcla de biosólidos con cenizas produjo un incremento significativo en la biomasa aérea total de raigrás en todos los suelos. No se observaron diferencias significativas en la biomasa producida en los suelos enmendados con biosólidos o biosólidos con cenizas.

La concentración de Cu y Zn en el primer corte fue más elevada que en el tercer corte en los tres tratamientos. Si bien la concentración de Zn se encontró cercana a los límites de toxicidad citado por ciertos autores, no se observaron efectos fitotóxicos en ningún momento del ensayo.

Se observó efecto de tratamientos en la concentración de Zn vegetal en los dos cortes analizados. La absorción de Zn se relacionó, en el primer corte, con la textura de los suelos. Se observó una mayor absorción en el suelo de textura más gruesa (Hapludol) comparado con el de textura más fina (Argiudol). En el tercer corte no se observó este efecto de textura.

La absorción de Cu en el primer corte también se relacionó con la textura de los suelos, con mayor absorción en el suelo de textura más gruesa (Hapludol). Estos resultados no se observaron en el tercer corte, en donde se observó efecto de tratamiento. Entre los tratamientos BIO y BCEN no se observaron diferencias en la concentración de Cu o Zn en parte aérea. Este resultado corrobora lo observado en el fraccionamiento de suelos, donde tampoco se observaron diferencias en las fracciones INT (Zn) o MO (Cu, Zn) entre los tratamientos BIO y BCEN. Estos resultados indican que en el corto plazo los elementos de mayor concentración en el biosólido (Cu y Zn) se encontrarán en formas poco disponibles cuando son incorporados a los suelos como cenizas. No se detectó Cd ni Pb en parte aérea, por lo tanto estos elementos no presentan peligro de ingesta por parte de los animales.

Referencias

Abdul Rida A M. 1996. Concentration and growth of earthworms and plants in polluted (Cd, Cu, Fe, Pb and Zn) and non-polluted soils: interactions between plants-soil-earthworms. Soil-Biology-and-Biochemistry. 28: 8, 1037-1044.

Alloway B J Ed. 1995. "Heavy metal in soils". 2nd Edition. Blackie Academic & Professional. Chapman and Hall. Glasgow,UK. 368 p.

Arienzo M, Adamo P and Cozzolino V, 2004, The potential of Loliumperenne for revegetation of contaminated soil from a metallurgical site, Sci. Total Envir 319: 13-25.

Bache C A, Lisk D J. 1990. Heavy metal absorption by perennial ryegrass and swiss chard grown in potted soils amended with ashes from 18 municipal refuse incinerators. J. Agric. Food Chem. 38: 190-194

Bidar, G., Pruvot, C., Garçon, G., Verdin, A., Shirali, P., Douay, F. 2009. Seasonal and annual variations of metal uptake, bioaccumulation, and toxicity in *Trifolium repens* and *Lolium perenne* growing in a heavy metal-contaminated field. Environ Sci and Poll Research, 16(1), 42-53.

Domíngues H, Pedra F, Montero O, Gusmão R, Ferreira E, Henriques J. 1998. Plant uptake and soil heavy matal accumulation in irradiated urban sewage sludge-treated soil. 16° World Congress of Soil Science, France. CD. Scientific Registration N°1886.

Gorlach E, Gambus F, Michniak A. 1990. The effect of pH on the uptake of heavy metals by italian ryegrass (loliummultiflorum) in the conditions of their differentiated contents in soil. Polish Journal of Soil Sci. 23: 17-23.

Gunawardana, B., N. Singhal y A. Johnson, 2010. Amendments and their combined application for enhanced copper, cadmium, lead uptake by Lolium perenne. Plant Soil, 329 (1-2): 283-294.

Gupta SK, Vollmer MK y Krebs R. 1996. The importance of mobile, mobilisable and pseudo total heavy metal fractions in soil for three-level risk assessment and risk management. The Science of the Total Environment, 178: 11-20

Hannaway D; Fransen S, Cropper J, Teel M, Chaney M, Griggs T, Halse R, Hart J, Cheeke P, Hansen D, Klinger R, and Lane W. 1999. Perennial Ryegrass (*Lolium perenne* L.). Pacific North West Extension Publications. Oregon State University, USA

Hinsinger P. 1999. Bioavailability of trace elements as related to root-induced chemical changes in the rhizosphere. Proc. 5th Intern. Conf. On the Biogeochem of Trace elements, Vienna, 1: 152-153.

Jordan, S. N., Mullen, G. J., Courtney, R. 2009. Metal uptake in *Lolium perenne* established on spent mushroom compost amended lead-zinc tailings. Land Degradation & Development, 20(3), 277-282. doi:10.1002/ldr.909

Keizer P., Bruggenwert M.G.M. 1991. Adsorption of heavy metals by clay-aluminum hydroxide complexes. En: Interactions at the Soil Colloid - Soil Solution Interface Bolt G.H., de Boodt M.F., Hayes M.H.B., McBride M.B. (Eds.), NATO ASI Series E, Applied Sciences, Vol. 190, Kluwer, Amsterdam, pp. 177-204

Krebs R, Gupta S K, Furrer G, Schulin R. 1999. Gravel sludge as an immobilizing agent in soils contaminated by heavy matals: a field study. Water, Air and Soil Pollution. 115 : 465-479.

Kuehl R. O. (1994). Diagnosing agreement between the data and the model. CPAHster. Statistical Principles of Research Design and Analysis. Duxbury Press. California, Estados Unidos, 666 pp.

Macnicol RD, Beckett PH 1985. Critical tissue concentrations of potentially toxic elements. Plant Soil 85:107-129 doi:10.1007/bf02197805

Mengel, K., E. A. Kirkby, H. Kosegarten, and T. Appel. 2001. Principles of plant nutrition, 5th edition. Dordrecht: Kluwer Academic Publishers

Perronet K , C Schwartz, Gerard E, Morel J. 2000. Availability of cadmium and zinc accumulated in the leaves of *Thlaspi caerulescens* incorporated into the soil. Plant and Soil. 227: 257-263.

Robinson BH, Banuelos G, Conesa HM, Evangelon WH, Schulin R. 2009. The phytomanagement of trace elements in soil. Critical Reviews in Plant Sciences 38: 240-266.

Sauerbeck D R. 1991. Plant, element and soil properties governing uptake and availability of heavy metals derived from sewage sludge. Water, Air and Soil Pollution 57-58: 227-237.

Vangronsveld J, Assche FV y Clijsters H. 1995. Reclamation OF A bare industrial area contaminated by non-ferrous metals: In situ metal immobilization and revegetation. Environ. Pollut. 87:51-59.

Vangronsveld, J., Herzig, R., Weyens, N., Boulet J, Adriaensen K, Ruttens A, Thewys T, Vassilev A, Meers E., Nehnevajova E, van der Lelie, D., Mench, M. 2009. Phytoremediation of contaminated soils and groundwater: Lessons from the field. Environ Sci Pollut Res 16(7), pp. 765-794. DOI 10.1007/s11356-009-0213-6

Vangronsveld, J., Van Assche, F., Clijsters, H., 1991. Reclamation of a 'desert like' site in the north East of Belgium: Evolution of the metal pollution and experiments in situ. In: Farmer, J.G. (Ed.), Proc. Int. Conf. Heavy Metals in the Environment. CEP Consultants, Edinburgh, UK, pp. 58-61.

Zacarías Salinas, M., Beltrán Villavicencio, M., Bustillos, L.G.T., González Aragón, A. 2012. Assessment of in situ and ex situ phytorestoration with grass mixtures in soils polluted with nickel, copper, and arsenic. Physics and Chemistry of the Earth, 37-39, pp. 52-57

Zar J. H. (1999). Biostatistical analysis. Prentice-Hall. Nueva Jersey, USA. 663 pp.

Printed by Books on Demand GmbH, Norderstedt / Germany